U0192420

PACKAGING

DESIGN

设计"一本通"丛书

包装设计

陈根 编著

电子工业出版社.

Publishing House of Electronics Industry

北京·BEIJING

内 容 简 介

　　本书内容涵盖了包装设计概述、包装的色彩设计、包装的图形设计、包装的文字设计、包装的版式设计、包装的结构与造型设计、包装材料的应用、包装的可持续设计、包装设计中的工艺技术九大方面的内容，全面介绍了包装设计相关的知识和学生需掌握的专业技能，同时设置了很多与理论紧密相关的案例。

　　本书可以帮助包装设计从业人员深刻理解这个领域，也可以帮助包装设计企业系统地提升创新能力和竞争力，确定未来产业发展的研发目标和方向，还可以指导和帮助欲进入包装设计行业者深入了解产业知识并提升专业技能。本书可作为高校学生学习包装、包装管理、包装营销与策划等方面的教材和参考书。

未经许可，不得以任何方式复制或抄袭本书之部分或全部内容。
版权所有，侵权必究。

图书在版编目（CIP）数据

包装设计 / 陈根编著 . —北京：电子工业出版社，2024.5
　　（设计"一本通"丛书）
ISBN 978-7-121-47474-3

Ⅰ . ①包… Ⅱ . ①陈… Ⅲ . ①包装设计 Ⅳ . ① TB482

中国国家版本馆 CIP 数据核字（2024）第 052783 号

责任编辑：秦　聪　　　　特约编辑：田学清
印　　刷：中国电影出版社印刷厂
装　　订：中国电影出版社印刷厂
出版发行：电子工业出版社
　　　　　北京市海淀区万寿路 173 信箱　　　　邮编：100036
开　　本：720×1000　　1/16　　印张：16　　　字数：256 千字
版　　次：2024 年 5 月第 1 版
印　　次：2024 年 5 月第 1 次印刷
定　　价：88.00 元

　　凡所购买电子工业出版社图书有缺损问题，请向购买书店调换。若书店售缺，请与本社发行部联系，联系及邮购电话：(010) 88254888，88258888。
　　质量投诉请发邮件至 zlts@phei.com.cn，盗版侵权举报请发邮件至 dbqq@phei.com.cn。
　　本书咨询联系方式：(010) 88254568，qincong@phei.com.cn。

　　设计是什么呢？人们常常把"设计"一词挂在嘴边，如那套房子设计得不错、这个网站的设计很有趣、那把椅子的设计真好……即使不是专业的设计人员，人们也喜欢说这个词。2017 年，世界设计组织（World Design Organization，WDO）为工业"设计"赋予了新的定义：设计是驱动创新、成就商业成功的战略性解决问题的过程，通过创新性的产品、系统、服务和体验创造更美好的生活品质。

　　设计是一门跨学科的专业，它将创新、技术、商业、研究及消费者紧密地联系在一起，共同进行创造性活动，将需要解决的问题及提出的解决方案进行可视化，重新解构问题，研发更好的产品，建立更好的系统，提供更好的服务和用户体验，为产品提供新的价值和竞争优势。设计通过其输出物对社会、经济、环境及伦理问题的回应，帮助人类创造一个更好的世界。

　　由此可以理解，设计体现了人与物的关系。设计是人类本能的体现，是人类审美意识的驱动，是人类进步与科技发展的产物，是人类生活质量的保证，是人类文明进步的标志。

　　设计的本质在于创新，创新则不可缺少工匠精神。本丛书得"供给侧结构性改革"与"工匠精神"这一对时代热搜词的启发，洞悉该背景下诸多设计领域新的价值主张，立足创新思维，紧扣当今各设计学科的热点、难点和重点，构思缜密、完整，精选了很多与设计理论紧密相关的案例，可读性强，具有较强的指导作用和参考价值。

　　随着生产力的发展，人类的生活形态不断演进，我们迎来了体验经济时代。设计领域的体验渐趋多元化，然其最终的目标是相同的，那就是为人类提供有质量的生活。

包装是在流通过程中保护产品、方便储运、促进销售，按一定技术方法而采用的容器、材料及辅助物等的总体名称；也指为了达到上述目的而在采用容器、材料和辅助物的过程中施加一定的技术方法等操作活动。包装伴随着产品出现，已成为现代产品生产不可分割的一部分。各商家纷纷打着"全新包装，全新上市"的旗号吸引消费者，以期改变其产品在消费者心中的形象，进而提升企业形象。而今，包装已融入各类产品的开发设计和生产中，几乎所有的产品都需要通过包装才能进入流通过程。

本书内容涵盖了包装设计的多个重要流程，在许多方面提出了创新性的观点，可以帮助包装设计从业人员深刻地理解这个领域，也可以帮助包装设计企业系统地提升创新能力和竞争力，确定未来产业发展的研发目标和方向，还可以指导和帮助欲进入包装设计行业者深入了解产业知识并提升专业技能。另外，本书还从实际出发，列举了众多案例对理论进行解析。本书可作为高校学生学习包装、包装管理、包装营销与策划等方面的教材和参考书。

由于编著者的水平及时间有限，书中难免有不足之处，敬请广大读者及专家批评、指正。

编著者

CONTENTS 目录

第 1 章

包装设计概述

1.1 包装的定义

包装伴随着产品出现，已成为现代产品生产不可分割的一部分。各商家纷纷打着"全新包装，全新上市"的旗号吸引消费者，以期改变其产品在消费者心中的形象，进而提升企业形象。而今，包装已融入各类产品的开发设计和生产之中，几乎所有的产品都需要通过包装才能进入流通过程。

在不同的时期、不同的国家，人们对包装的理解与定义也不尽相同。以前，很多人认为，包装以转运流通物资为目的，是包裹、捆扎、容装物品的手段和工具，也是包扎与盛装物品时的操作活动。自 20 世纪 60 年代以来，随着各种自选超市和卖场的普及与发展，包装由原来的以保护产品的安全流通为主，一跃转向具有销售员的作用。人们对包装也赋予了新的内涵和使命。包装的重要性已被人们认可。

从广义上讲，一切事物的外部形式都是包装。

中国的包装定义：包装是在流通过程中保护产品、方便储运、促进销售，按一定技术方法而采用的容器、材料及辅助物等的总体名称；也指为了达到上述目的而在采用容器、材料和辅助物的过程中施加一

中国的包装定义：包装是在流通过程中保护产品、方便储运、促进销售，按一定技术方法而采用的容器、材料及辅助物等的总体名称；也指为了达到上述目的而在采用容器、材料和辅助物的过程中施加一定技术方法等的操作活动。

定的技术方法等操作活动。

美国的包装定义：包装采用了适当的材料、容器，并施以技术，使产品安全地到达目的地——在产品输送过程的每个阶段，无论遭遇怎样的外来影响皆能保护其内容物，而不影响内容物的价值。

英国的包装定义：包装是为货物的储存、运输和销售所做的艺术、科学和技术上的准备行为。

日本的包装定义：包装指在运输和保管物品时，为了保护其价值及原有状态，使用适当的材料、容器和包装技术使物品处于包裹起来的状态。

综上所述，虽然每个国家对包装有不同的表述和理解，但基本意思是一致的，都以包装功能和作用为其核心内容，一般可总结为如下两重含义：

（1）盛装产品的容器、材料及辅助物，即包装物。

（2）实施盛装和封缄、包扎等的技术活动。

1.2　包装设计发展的 7 个重要阶段

1.2.1　手工业设计的包装

自人类从事生产劳动并拥有自己的产品开始，包装就出现了。人们以不同的方式设计、制作和运用包装，而包装每个阶段的形式与功能都是智慧的表达。包装最初的功能无疑是保护产品，便于储藏与携带，如古代的彩陶、青铜器等，具有盛装、储藏食品的作用，可以说是最早的包装样式。有的青铜器的身与盖造型一样，分开来可作为两个盛器，但合起来，就是一个密封的容器了——一种设计，多种用途。

我们从古代的画像石和画像砖中也可以看到一些包装物，如魏晋时期的墓葬壁画《厨房图》中就有盛装物的平面图和立式形状图（见图 1-1）。据说，我国古代商人在与西亚通商时，为了瓷器在旅途中不至于受损，他们将混有植物种子的泥土包裹在瓷器外层，随着运输时间延长，泥中种子生长的根系纵横交错，形成牢固的防护层，这也算是早期的"防震运输包装"了。

◎ 图 1-1　甘肃高台魏晋墓葬壁画《厨房图》

在中国，包装很早就在商品交换中有着重要作用。中国现存最早的一份印刷广告是北宋时期济南刘家功夫针铺的广告，其也作为该店铺的包装纸。该包装纸上有许多现代包装设计的基本要素——商标、插图（兔子形象）、广告语、产品相关信息等（见图 1-2）。

◎ 图 1-2　北宋时期济南刘家功夫针铺的包装纸雕刻铜版及图案

公元前 3000 年，埃及人就开始用莎草纸包装物品，还把这种纸制成标贴，也许这就是最早的标贴（见图 1-3）。美国作家罗伯特·奥帕在他的《包装——对一个世纪包装设计的视觉考察》一书中曾描绘了包装最初的状态："杂货店里的各种货物——米、面粉、糖、干果总是由各种各样的筒、箱装着，这些货物被运到店里后，又由老板或伙计按照顾客的要求进行包装。这是一个需要时间与技术的工作。"

罗伯特·奥帕的描述形象地表现了手工业时代的根本性变化——市场上的商品交换与竞争规律决定了包装已不再仅仅是一种包着产品的"包裹"，而应具有传达产品信息、促进销售的作用。包装逐步演变为视觉传达设计。例如，1793 年，欧洲的一些国家开始在酒瓶上粘贴标签；1817 年，英国药业行业规定在有毒产品的包装上要贴上便于识别的印刷标识。随着市场的发展，人们开始通过商标来展示产品的视觉形象。

◎ 图1-3 埃及的莎草纸画

1.2.2 印刷包装的诞生与机械批量生产的促进作用

16世纪，服装市场上出现的吊牌算是最早的印刷包装。18世纪下半叶，木版手工印刷的标贴深受商人们的喜爱，不过这个时期的印刷是单色的（通常为黑色的）。19世纪上半叶，手工填色的标贴出现了，其成本要比单色的高。19世纪末20世纪初，各种印刷机械的出现和多色石版印刷技术的发明、完善使包装的设计与制作有了很大的改变，当时的包装如图1-4所示。

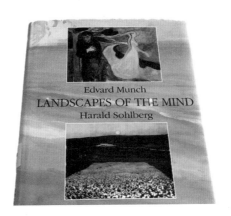

◎ 图1-4 19世纪末20世纪初的包装

19 世纪 70 年代出现了现成的标贴，这种标贴是专门为某类商品事先印制的一批标贴，可根据需要出售给不同的制造商，因而这种标贴在平面布局上就留出些空白，由制造商填写品名、重量、成分、制造者等。随之出现的制造商分零包装销售的局面改变了 19 世纪中叶商品先靠大袋、大箱运输到零售商处，再称分量并进行包装的格局，标志着制造商懂得了大机器生产的规模效益——用大机器来降低成本，在保障消费者利益的基础上获得巨额利润。

法国早期研制的罐装食品用玻璃罐盛装，用能够膨胀的材料做成塞子封口。由于玻璃易碎，塞子也容易渗漏，因此后来人们就选用了一种柔软的马口铁做成容器来包装食品。这种罐头食品主要供应军队和探险家们。到了19世纪30年代，马口铁罐装食品才在普通的商店中出现，因其为长时间外出带来方便，所以受到人们的青睐。19世纪80年代，罐头标贴出现了，但早期的标贴并不完善，要么尺寸不够，要么没有商标等。直到19世纪90年代末，法国的包装设计才趋于成熟（见图1-5）。

◎ 图 1-5　19 世纪 90 年代末法国小豌豆食品的包装设计

在包装设计史上，新艺术运动是首次对包装装潢设计产生重大影响的事件，特别是对香水和化妆品的包装产生了积极影响。

1.2.3　新艺术运动与装饰艺术影响下的包装设计

19 世纪末，机械带来的大批量生产让曾经非常有价值的装饰精品变得粗俗。由莫里斯创导的"工艺美术运动"让设计师在设计时充分发掘新材料、新技术、新工艺而获得新感觉，创造新艺术，这便是新艺术运动。可见，"工艺美术运动"孕育了"新艺术运动"。从比尔兹莱的铜版画就能感受到新艺术运动所推崇的以富有动感的线条为审美基础、以富有想象力的精神和非传统特征塑造的空间流动感。在包装设计史上，新艺术运动是首次对包装装潢设计产生重大影响的事件，特别是对香水和化妆品的包装产生了积极影响。与新艺术运动并驾齐驱的就是以强烈的色彩搭配、生硬挺直的线条为走向的"装饰艺术运动"。装饰艺术运动主要对化妆品产生影响，此外，对食品与香烟也产生了一定的影响。

这个时期的包装设计案例如图 1-6 所示。

◎ 图 1-6　在新艺术运动与装饰艺术运动影响下的包装设计

现代主义对包装的影响最大，这种影响不仅体现在设计风格方面，还体现在包装及平面设计理论方面。现代主义促使包装设计师去思考、分析包装在现实的市场条件下如何充分地发挥各种作用，引导设计师去学习与发展实现包装功能的市场营销学、消费心理学、价值工程学等相关的理论。

1.2.4　现代主义的设计思想

20 世纪，欧洲发展起来的现代主义设计思潮强调设计的功能性，主张"功能决定形式"，即功能是一切设计的出发点和终点。在这个指导思想下，包装设计将信息简化为最基本的要素（品牌、商品名称、商品形象），同时清除各种妨碍视觉传达或无用的要素，使功能和表现形式有机地统一起来。现代主义对包装的发展影响最大，这种影响不仅体现在设计风格方面，还体现在包装及平面设计理论方面。现代主义促使包装设计师去思考、分析包装在现实的市场条件下如何充分地发挥各种作用，引导设计师去学习与发展实现包装功能的市场营销学、消费心理学、价值工程学等相关的理论。

阿玛多凯悦酒店是一家手工艺品面包和糖果精品店。其产品包装中使用的颜色和箔图案在每个盒子上都精美地组合在一起，创造了一种新颖的视觉解决方案，将传统工匠面包店的精美艺术提升到了一个全新的现代主义对比水平，如图 1-7 所示。

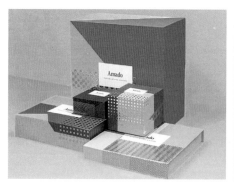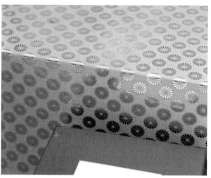

◎ 图 1-7　阿玛多凯悦酒店产品包装

现代主义的缺陷在于设计表达语言单一，对于地方性、民族性与历史性没有体现，对一部分消费者缺少吸引力，随着时间的流逝，这种包装风格渐渐失去了影响力。

1.2.5　20世纪50年代至20世纪60年代的包装设计

20世纪50年代，影响包装发展的主要有两个方面——超级市场的兴起和电视的普及。1965年，美国95%的杂货店变成了自选商店。自选商店与自选商场的销售方式改变了以往通过售货员了解商品和购买商品的方式——商品多被放在货架上静候顾客的挑选。包装成了商品竞争比较重要的因素。对商品和品牌的识别力，以及对艺术效果的强调成为包装设计追求的重要因素。增强商品识别性的系列化包装设计在此期间为许多商家所接受。

电视的普及说明人们从忙碌中解脱出来，有了休闲的时间。由此，电视休闲食品应运而生。这些食品的包装设计轻松、活泼，成为包装领域中的新一族。

20世纪50年代，包装材料有了新的发展，首先是塑料，然后是各种复合材料研制成功并投入市场。在保证设计风格简洁明了的同时，设计师用各种各样的设计手法来装点产品、传播信息。在这个时期，设计师首次在食品包装上注明生产日期和食用截止日期。

在日本，传统的包装追求富于象征的形式，如用白纸包裹象征礼品的纯正和送礼者的诚意。而通过模仿欧美流行的风格款式，日本设计师逐渐领悟现代设计的主旨，充分了解了包装设计最简单、实用的方法就是"一切为了有利于推动销售"（见图1-8）。

◎ 图 1-8　20 世纪 50 年代至 20 世纪 60 年代的日本包装设计

1.2.6　后现代的设计思潮

20 世纪 70 年代，在各流派中被人们谈论最多的是后现代设计。在设计理念上，后现代设计具有多方面的含义。在包装设计中，后现代主义更多表现为一种风格上的倾向性，集中体现在地方性与人性化两个方面，反对设计中表达语言运用的单一和冷漠。后现代主义包装设计的地方性重视的是保持一个民族设计文化的个性，提升包装对消费者的亲和力；人性化则表现为从具有幽默、滑稽、怀旧、乡土气息等意味的表现语言方面提升包装设计形象对消费者情感上的号召力。这样的设计让人心理更加健康、情感更加丰富、人性更加完善，从而达到人、物完善的境界。这种包装显得更为"友好"与"亲切"。

上林苑茶坊包装如图 1-9 所示。以汉代"上林苑"为名，整体语言沿用西方国家对中国风土人情视觉表现的创作逻辑，体现了精耕细作的品质构思，打造出极具奢侈感的茶空间，让消费者更浓烈地感知到品牌温度。

◎ 图 1-9　上林苑茶坊包装

1.2.7　绿色包装的兴起

工业革命改变了人们的生活，也改变了人们生存的环境——越来越多的环境被破坏。这为设计师提出了重要的研究课题。

人们最初的做法是在包装装潢方面加上各种环境保护的徽标和口号。随着技术的进一步发展，人们进行了对环境友好的包装装潢材料的设计。

（1）在包装过程中，努力做到对材料与能源的节约，减少过度包装。

（2）在包装材料上，尽量选用便于压缩、清洗与分解的材料，提高包装材料的回收率和再生产率。

天然的包装材料不但可以迅速地分解，而且许多材料可以重复利用。在中国的南方，人们大量地运用竹、木、草、植物的叶来包装物品，如一些食品包装，用竹、木做成骨架，内部用荷叶或竹叶等材料包裹物品，结构合理、轻巧、坚实。日本、朝鲜、越南等亚洲国家也有大量运用天然材料设计制作的包装。

泰国某品牌的大米包装如图1-10所示。与传统的大米包装不同，这种大米包装巧妙地利用了大米自然脱壳后的物料——使用谷糠的包装材质，起到了很好的环保作用。在谷糠色的基调映衬下，独特肌理感的设计使外盒包装显得更有格调，封面上刻有产品信息，整洁大方。等大米用完之后，包装盒可作为纸巾盒重复利用，达到完美的实用性效果。

◎ 图 1-10　泰国某品牌的大米包装

1.3　包装的 6 个主要类别

包装是沉默的商品推销员。商品种类繁多，形态各异，其包装的功能作用和外观内容也各有千秋。正所谓内容决定形式，包装也不例外。包装的 6 个主要类别如图 1-11 所示。

1 按包装的产品内容分类
日用品类、食品类、烟酒类、化妆品类、医药类、文体类、工艺品类、化学品类、五金家电类、纺织品类、儿童玩具类、土特产类等

2 按包装的材质分类
纸包装、金属包装、玻璃包装、木包装、陶瓷包装、塑料包装、棉麻包装、布包装等

3 按包装的产品性质分类
销售包装、储运包装和军需品包装

4 按包装的形状分类
小包装、中包装和大包装

5 按包装的工艺分类
一般包装、缓冲包装、真空吸塑包装、防水包装、喷雾包装、压缩包装、充气包装、透气包装、阻气包装、保鲜包装、冷冻包装、儿童安全包装等

6 按包装的结构分类
贴体包装、泡罩包装、热收缩包装、可携带包装、托盘包装、组合包装等

◎ 图 1-11　包装的 6 个主要类别

1.3.1 按包装的产品内容分类

按包装的产品内容分类，包装可分为日用品类、食品类、烟酒类、化妆品类、医药类、文体类、工艺品类、化学品类、五金家电类、纺织品类、儿童玩具类、土特产类等。

如图 1-12 所示的外包装设计案例，以插图图案为主体的重点设计元素，包装袋上的每个字符都能给消费者带来突出的感官印象——因为这是区分产品系列类型、建议用法、生产理念及服务产品内容的重要标识。

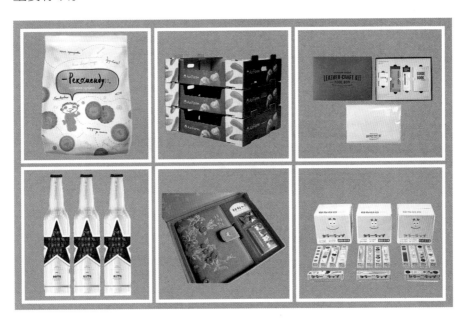

◎ 图 1-12 外包装设计案例

1.3.2 按包装的材质分类

不同的商品，因其运输过程与展示效果等的不同，所使用的包装材料也不尽相同。按包装的材质分类，包装可分为纸包装、金属包

销售包装：直接面向消费者。在设计时，要有一个准确的定位，力求简洁大方、方便实用，且能体现商品性。

装、玻璃包装、木包装、陶瓷包装、塑料包装、棉麻包装、布包装等（见图 1-13）。

◎ 图 1-13　按包装的材质分类

1.3.3　按包装的产品性质分类

按包装的产品性质分类，包装可分为销售包装、储运包装和军需品包装。

1. 销售包装

销售包装又称商业包装，可分为内销包装、外销包装、礼品包装、经济包装等。销售包装是直接面向消费者的，因此，在设计时，要有一个准确的定位，力求简洁大方、方便实用，且能体现商品性。

2．储运包装

储运包装是以商品的储存或运输为目的的包装。它主要在厂家与分销商、卖场之间流通，便于产品的搬运与计数。其设计并不是重点，只要注明产品的数量、发货与到货日期、地点等就可以了。

可口可乐概念集装搬运箱设计如图1-14所示，表达了设计师对于环境保护、友好节约堆放和储存的理想模式的探讨。

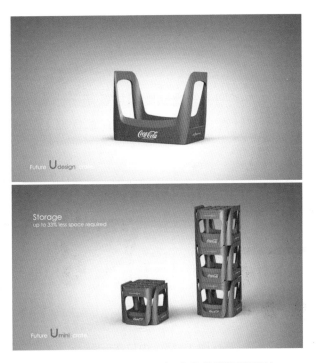

◎ 图1-14　可口可乐概念集装搬运箱设计

3．军需品包装

军需品包装属于特殊用品包装，一般在设计中很少遇到。

1.3.4　按包装的形状分类

按包装的形状分类，包装可分为小包装、中包装和大包装。

1.　小包装

小包装也称内包装或个包装，是产品走向市场的第一道保护层。
小包装一般陈列在商场或超市的货架上，最终连产品一起卖给消费
者。因此在设计时，小包装更要体现商品性，以吸引消费者。

2.　中包装

中包装主要是为了增强对商品的保护、便于计数而对商品进行组
装或套装，如一盒茶叶有 5 罐、一箱牛奶有 6 盒等（见图 1-15）。

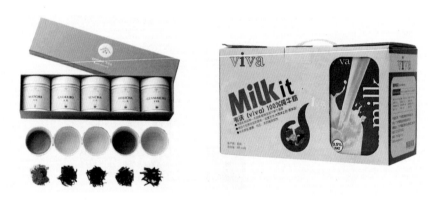

◎ 图 1-15　中包装示例

3.　大包装

大包装也称外包装、运输包装。因为它的主要作用是提高商品
在运输中的安全性，并使商品便于装卸与计数。相对小包装，大包装
的设计简单得多，如日本某箱式包装（见图 1-16）。此类包装一般

在设计时除标明产品的型号、规格、尺寸、颜色、数量、出厂日期外，还要加上一些视觉识别符号，如小心轻放、防潮、防火、堆压极限等。

◎ 图 1-16　日本某箱式包装

1.3.5　按包装的工艺分类

按包装的工艺分类，包装可分为一般包装、缓冲包装、真空吸塑包装、防水包装、喷雾包装、压缩包装、充气包装、透气包装、阻气包装、保鲜包装、冷冻包装、儿童安全包装等。

1.3.6　按包装的结构分类

按包装的结构分类，包装可分为贴体包装、泡罩包装、热收缩包装、可携带包装、托盘包装、组合包装等。

瑞典某时尚耳机品牌的包装设计如图 1-17 所示。这是一款独特的耳机包装作品，设计师受活动玩具城堡的启发，创建了一个独特的箱体式抽拉拼装方案，内置 12 个耳塞孔，每个耳塞孔的外观都酷似一颗子弹。

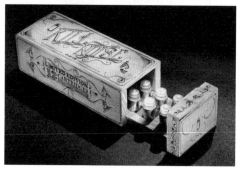

◎ 图 1-17　瑞典某时尚耳机品牌的包装设计

1.4　消费心理与包装的 6 个效能

1.4.1　7 个消费阶段与心理需要

如何通过包装来提高商品的销量？包装设计不仅要从视觉上吸引特定的消费群体，还要从心理上捕捉消费者的兴奋点与购买欲。

好的设计师肯定是一个精明的心理学家，其包装的设计思想应当以消费者为中心，想方设法地刺激并满足消费者的心理需要。

好的设计师肯定是一个精明的心理学家，其包装的设计思想应当以消费者为中心，想方设法地刺激并满足消费者的心理需要。

消费者在购买商品时，对商品的认识过程包括注意、兴趣、联想、欲望、比较、信赖、行动 7 个阶段（见图 1–18）。

1.Attention	(注意)
2.Interest	(兴趣)
3.Thinking	(联想)
4.Desire	(欲望)
5.Compare	(比较)
6.Trust	(信赖)
7.Action	(行动)

◎ 图 1–18　消费者购买商品的 7 个心理阶段

1. 注意阶段

注意阶段，即消费者进入商店，并对商品产生第一印象的阶段。只有图案鲜明、文字突出、色彩醒目，即有很强的视觉冲击力的包装，才能在短时间内吸引消费者的目光。

2. 兴趣阶段

不同的消费者有不同的风格，设计师可针对不同风格的消费者从色彩、造型、文字、图案等方面着手构思，设计出满足不同消费者的或文艺或复古或狂野等不同风格的商品包装。

林家铺子黄桃西米露罐头包装如图 1–19 所示。其中，"小奶桃"的名称设计有助于加深消费者对品牌的风格设计印象。罐贴背景采用方格纸为模型进行设计，插画中的女生与特写罐头互相搭配，营造故事性氛围，手账既视感的包装呈现出清新简约风格。

◎ 图 1-19　林家铺子黄桃西米露罐头包装

3．联想阶段

具有新奇感、特色感、优美感的包装易诱发消费者的丰富联想。有些包装让人第一眼看起来以为是一支雪糕，其实是以海滩为元素的限量版 T 恤的包装设计，如图 1-20 所示。设计师从海滩的场景中获得灵感，创造了一个个生动的卡通形象，并辅以清凉的元素。另外，"雪糕"的手柄还具有将衣服从包装中抽出来的作用。

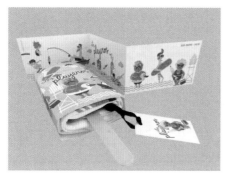

◎ 图 1-20　T 恤包装

4．欲望阶段

欲望阶段：通过视、听、嗅、味、触等各种手段吸引消费者，以品质优良、价格合理、使用方便、造型优美等特点打动消费者，刺激消费者的购买欲望。

5．比较阶段

比较阶段：把商品的形状、颜色、味道、性能、使用方法展示给消费者，便于消费者进行比较、挑选。消费者一般在经过此阶段后，会决定是否购买。

6．信赖阶段

商品包装要力求使消费者对该商品产生信赖感。老牌／名牌商品的形象、优质产品标志、质量认证标志、实事求是的说明书，都可以增强消费者对商品的信赖感。能给人信赖感的优质品牌包装如图 1-21 所示。

◎ 图 1-21　能给人信赖感的优质品牌包装

7．行动阶段

历经前述各阶段，消费者才决定购买商品，从而完成消费过程。

1.4.2　包装的 6 个效能

包装的效能基于消费者的购物心理与行为，是指对于包装物的作用和效应。大体上，包装的效能可分为 6 个方面（见图 1-22）。

◎ 图 1-22　包装的 6 个效能

1. 包装的保护效能

保护效能是包装最基本的效能，即可使产品不受各种外力的损坏。包装一开始就是对产品进行简单的包扎、包裹，单纯地起着保护作用。随着社会的进步，包装的功能逐渐多样化，不断满足人们日益增长的物质和精神需求。

所有的产品都不外乎固态、液态、粉末、膏状等物理形态。从质地上讲，这些产品有的坚硬，有的松软；有的轻，有的重；有的结实，有的松脆。每件产品都要经过多次流通，才能走进商场或其他场所，最终到消费者手中，而在此期间，需要经过装卸、运输、库存、陈列、销售等环节。在储运过程中，很多外因，如撞击、潮湿、光线、气体、细菌等因素，都会威胁到产品的安全。因此，在开始设计包装之前，设计师就要想到包装的结构与材料，以保证产品在流通过程中的安全。优秀的包装要有好的造型和结构设计，要合理用料，便于运输、保管、使用和携带，且利于回收处理和环境保护。因此，在进行包装设计时，设计师要综合考虑包装的结构、材料等多方面的因素，并把包装的保护性能放在首位。

保护效能是包装最基本的效能。在考虑包装的保护效能的时候，设计师要结合产品自身的特点，综合考虑材料和包装方式来达到保护产品的作用。

一个好的包装作品应该以人为本，这样会拉近产品与消费者之间的距离，增强消费者的购买欲和对产品的信任度，同时也会促进消费者与企业之间的沟通。

在考虑包装的保护效能的时候，设计师要结合产品自身的特点，综合考虑材料和包装方式。例如，使用海绵、发泡材料、纸屑等填充物来达到固定产品的作用；为了防潮、密封，也可以采用封蜡的方法。

利用伪装术将自行车的包装设计成液晶电视，可大大降低物流损坏率，从而达到保护产品的目的，如图1-23所示。

◎ 图1-23　自行车包装的伪装术设计

2. 包装的便利效能

所谓便利效能，就是指包装要便于使用、携带、存放等。一个好的包装作品应该以人为本，这样会拉近产品与消费者之间的距离，增强消费者的购买欲和对产品的信任度，同时也会促进消费者与企业之间的沟通。

给可随身携带、随处购得的罐装饮品装上拉盖是一项了不起的发明。要知道，大部分罐装饮品如汽水、啤酒等，都注满了二氧化碳，因此铝罐要承受的压力极大，需要很大的力度才能把拉盖开启。制造拉盖的一大难处在于如何令使用者(无论多么柔弱)轻易地开启拉盖。

包装设计师应使包装与物品成为和谐统一的整体，以便丰富艺术形象，扩大艺术表现力，加强审美效果，并提高其功能、经济价值和社会效益。

铝罐拉盖的历史至今已有半个多世纪，发明者是已故的美国俄亥俄州工程师弗拉泽。在弗拉泽研制铝罐拉盖前的数十年内，很多工程师已努力尝试研制，但均告失败——主要问题在于如何令拉盖和铝罐既连在一起，接口又不会脆弱地在开启时折断。后来，弗拉泽终于想出一个既简单又经济的解决办法：用罐顶凸起的部分充当铆钉，把附近位置磨薄至原本厚度的一半，塑造凹凸坑纹，连上拉盖。这样，人们只需用比之前小得多的力度便可开启拉盖，罐内的二氧化碳也随之开始往外流淌。

◎ 图1-24　薯片包装设计

这款出自年轻设计师之手的薯片包装（见图1-24），只需将缠绕在外包装腰部的束带解开，上半部分就能散开成一个纸盘子，方便大家共享薯片。这是一个很人性化的包装设计。

3. 包装的美化效能

人靠衣装，佛靠金装。装饰美化是人类文化生活的一种需要，装饰符号具有人类文化的重要特征和标记，它的寓意和象征性往往大于应用性。包装设计师应使包装与物品成为和谐统一的整体，以便丰富艺术形象，扩大艺术表现力，加强审美效果，并提高其功能、经济价值和社会效益，如某品牌的果酱包装（见图1-25）。

"货卖一张皮"形象地说明了包装设计与产品价值之间的关系，

在同类别中如何让自己的产品脱颖而出？包装设计的新颖性、独特性、色彩的感染力等都是表现的重点。

但并不意味着商家可以只在意包装而忽略产品的品质等方面。

◎ 图 1-25　某品牌的果酱包装

4．包装的促销效能

在各种超市与自选卖场不断发展的今天，直接面向消费者的是产品的包装。好的包装在没有服务员推荐和介绍的自选商场的货架上能显示出独特的生命力——它能直接吸引消费者的视线，让消费者产生强烈的购买欲，从而达到促销的目的。

产品是分类摆放的，那么，在同类别中如何让自己的产品脱颖而出？包装设计的新颖性、独特性、色彩的感染力等都是表现的重点。信息的传达和自我宣传是包装的重要功能。大家都有这样的经历，当去超市购买所需的物品时，实际购买的数量往往会大大超出计划。原因有两个：一是原本需要但忘记列在购物清单里；二是随机购买。当你推着购物车穿梭在货架之间时，通常会有意外的发现，经常会被新奇的包装所吸引，甚至非常感性地将其放进购物车并最终付款购买。这个过程就

卫生是商品流通的基本原则，直接关系到人们的身心健康和生命安全。

是典型的包装的促销效能的体现。

图 1-26 所示的包装袋上是一个帅气的小伙，而黑色的曲奇饼干则是小伙超霸气的爆炸头。黑色与白色的经典搭配，简洁而不简单，这是日本一贯的设计风格。

◎ 图 1-26　日本黑色曲奇饼干的包装

5. 包装的卫生效能

卫生是商品流通的基本原则，直接关系到人们的身心健康和生命安全。

卫生效能主要指包装应能保证产品（如药品及化妆品等）安全、卫生，即符合卫生法规。它主要包括两方面的内容：能有效隔绝各种不卫生因素的污染；本身不会带来有碍卫生的有害物质。因此，对包装材料所含有害物质的含量有严格的限制。图 1-27 所示为某品牌面霜的包装设计。瓶盖上方的"螺旋桨"可以在取用面霜时使用，避免了用手蘸取时的尴尬和不卫生等问题。

◎ 图 1-27　某品牌面霜的包装设计

世界公认的包装的三种作用变得越来越明显，即包装在经济发展中的中心性、包装的环境保护责任性和致力于改善人类生存条件的技术创新性。

另外，包装在使用中应该是安全的，不应对人体造成伤害；要对产品本身做好防腐、防变质处理；要注意包装的科学化，采用新材料、新技术改进落后包装，最大限度地延长产品的储存时间。中国的南北方气候差异大，有些产品会随着湿度和温度的变化而改变，尤其是在湿度变化较大的情况下，食品会腐烂变质。这就要求生产厂家对产品本身做好科学的防腐技术处理，而包装的设计者也要在包装材料的选择及结构设计上做最优化处理。在温度突变的情况下，包装会热胀冷缩，导致产品和包装变形、开裂和破损等，所以在设计上要考虑材料的透气性和保温性等。

6. 包装的绿色效能

包装的绿色效能主要是指包装中的绿色效率和性能，即包装保护生态环境的效能，要提高包装与生态环境的协调性，降低包装对环境产生负荷与冲击的能力。

包装与环境密不可分：包装在其生产过程中需要消耗能源、资源，产生工业废料和包装废弃物而污染环境；但同时包装保护了产品，减少了产品在流通中的损坏，这又是其有利于减少环境污染的方面。

因此，包装的目标就是要最大限度地保护自然资源，产生最少的废弃物和造成最低限度的环境污染。包装绿色效能的意义主要在于加强对包装生产的管理和包装废弃物的回收处理。

尽管包装受到各种各样的指责，如包装废弃物会破坏环境、包装诱使过度消费等。但是，世界公认的包装的三种作用变得越来越明

在"五感"之中，人体感官感受最深刻的是视觉（37%），其后是嗅觉（23%）、听觉（20%）、味觉（15%），最后才是触觉（5%）。

显，即包装在经济发展中的中心性、包装的环境保护责任性和致力于改善人类生存条件的技术创新性。

◎ 图 1-28　索尼一代机器狗的包装

索尼在 1999 年推出的一代机器狗，其包装如图 1-28 所示，获得了 2019 年 JPDA 金奖。该包装采用了环保材料，使用了 50% 的塑料瓶进行解压黏合制成，非常环保；由于中空的设计，包装还能对内装物起到减震保护的作用。

1.4.3　包装的"五感"设计

"五感"指视觉感、听觉感、味觉感、嗅觉感、触觉感，是人感知世界的普遍方式。包装设计是以视觉感为中心、以其他"四感"为辅助，对世界所进行的积极探索。在生活中，每种产品以不同的方式强烈地刺激着人们的感官，引起人们的购买欲望。可以说，包装的魅力在于是现代社会一种利用"五感"进行的颇具诱惑力的推销手段。

一款精心设计的包装足以引起消费者内心的购买冲动。所以从某个角度来说，人们真正购买的也许不是产品本身，而是一种包装的理念。在这里，我们主要研究的是广义的"五感"。根据调查研究，在"五感"之中，人体感官感受最深刻的是视觉（37%），其后是嗅觉（23%）、听觉（20%）、味觉（15%），最后才是触觉（5%）。

1. 视觉感

视觉是艺术设计的中心，以视觉为中心的艺术设计随处可见。例如，包装设计的色彩、图形、文字、造型等。设计者以视觉为中心，通过对这些视觉元素进行合理的运用和结合来吸引消费者，并刺激消费者购买。在这些包装的视觉元素中，色彩作为最主要的视觉元素已成为设计师的重要语言形式。OPPO 在进行了品牌升级将 Logo 的缺口进行黏合而形成椭圆的笔画后，新年限定款将圆环环绕的线以烫金凸起的形式印在礼盒上，而这些圆环围绕成了中国结的形状，如图 1-29 所示。

◎ 图 1-29　OPPO 新年限定款包装

视觉要素与消费者生活环境方面的联系是指包装总是处在消费者生活的特定环境中，因此在设计包装时必须考虑与包装相关联的各种生活用品的色彩、肌理等要素，使包装形象在视觉上与消费者的生活环境保持一致。Doyles 是一家位于澳大利亚的海鲜餐厅，针对其产品的包装设计，设计师选取报纸印刷的视觉效果，以复古风的平面设计带来怀旧之感，而蓝色则象征着新鲜、高品质的海边用餐体验，如图 1-30 所示。

◎ 图 1-30　Doyles 海鲜餐厅的包装及品牌形象设计

2．嗅觉感

把气味做成图形，加上色彩，就可以表现具有嗅觉信息的色彩图形。用色彩表达嗅觉信息的方法在设计中的具体应用为创造嗅觉气味图形。某食品包装设计如图 1-31 所示。为了说明并传达食品包装表面的嗅觉信息，暗示里面存放食品的气味，设计者通过创造具有气味构思的文字、色彩及图形传达不能具体描绘的信息。

◎ 图 1-31　某食品包装设计

3．听觉感

声音能够传递人的喜怒哀乐，听觉是人的"五感"中最能够直接感受情感的。听觉在包装设计中是非常特殊的存在，可以体现在两个不同的层面上：我们的耳朵直接听到的声音；用于一些特殊的包装设计，如面向儿童的一些包装设计，可以通过将包装外表与儿童喜欢的小动物的声音、图形相结合，充分展现童真童趣（见图 1-32 ）。

◎ 图 1-32　水果食品包装

4．味觉感

人们常说"观其色而知其味"，色彩是包装设计中最重要的因素，也是消费者能最快接收到的信息，人们通过一个好的包装的形状、色彩、材质、图形就可以判断出内部食品的味道。人们经过长期的色彩与味觉的积累，能够通过色彩来分辨出酸、甜、苦、辣，如红、黄、白通常表明食品具有甜味，绿色通常表明食品具有酸味，黄、米黄通常表明食品具有奶香味等。消费者通过日常生活中物质与精神的互动对色彩产生了丰富的联想。

日本有很多蒸煮后开袋就能食用的加工食品，这些食品不仅便于携带、储存，而且操作简单。有一款咖喱盖饭就属于这类食品，食用前将其连袋一起蒸煮加热，然后就可以打开食用。与其他同类产品相比，它成功的原因在于其良好的装饰性——插画的使用让人一秒就能读懂其独特的味道，如图 1-33 所示。

◎ 图 1-33　咖喱盖饭的包装设计

5．触觉感

包装设计师不仅要考虑图案、色彩，还应该注重包装材料本身的肌理带来的触觉感受。通过包装材料肌理的视觉感和触觉感呈现亲和感和诱惑力，这在目前的很多设计中已被广泛采用。某品牌橄榄油限量版的包装如图 1-34 所示，其手工制作的木顶陶瓷瓶始终秉承以人为本的设计理念。

◎ 图 1-34　某品牌橄榄油限量版的包装

人的"五感"是相通的，设计师可以通过针对某个感官的设计来引发消费者的全方位感官感受。包装设计的味觉感受和其他的感官感受相关联，消费者在观察包装的过程中通过对美的视觉感受，对新奇的材质与特殊印刷工艺的触、嗅、听"三觉"的感受，进而感受到产品的"五感"交融之美。

1.5 包装设计与品牌建设的关系

1.5.1 包装设计与品牌

如果包装设计具有特色且已被消费者接受，那么该包装的文字编排风格、平面图像与色彩等设计元素便可被视为企业专有或可拥有的财产。通常对于这种专有属性，企业可以通过申请合法的商标或注册而取得所有权。在长期使用的情况下，这些包装设计所涵盖的专有特色与品牌逐渐在消费者眼中产生联结，包装的专有设计则以刻意营造"独特"与"可拥有"的设计取向为实践目标。

"品牌"这个名词一直都大量应用于各行各业，且衍生出多方面的定义，从包装设计的角度来看，品牌指一个名号、商标的所有权。此外，品牌也是产品、服务、人与地点的代表。品牌所包含的范围涵盖了文具与印刷品、产品名称、包装设计、广告宣传设计、招牌、制服等，甚至建筑物也应在考量范围之内。根据产品本身、情感含义及如何满足消费者期望等，品牌被消费者所定义，并逐渐成为在消费者脑海中区别不同企业的方法。

李子柒品牌的豆嬢嬢七彩豆浆粉包装使用大气中国红，插画中的宫殿元素象征典雅高贵，周围连绵起伏的山峰及傲然挺立的树株彰显浩然磅礴之势，流动中的河水采用"九曲十八弯"般的勾勒手法，仿佛敦煌石窟壁画中优雅的飞天形象。其中的小袋包装采用七色彩虹设计，整体搭配清新淡雅而不落俗套，如图 1-35 所示。

包装设计创造出品牌形象，并建立起消费者与产品之间的联结。包装设计以视觉语言阐述了一个品牌对于品质、表现、安全与便利的承诺。

◎ 图 1-35　古风美食包装

对于许多消费者而言，品牌与包装设计之间是没有太大差异的。包装设计创造出品牌形象，并建立起消费者与产品之间的联结。包装设计以视觉语言阐述了一个品牌对于品质、表现、安全与便利的承诺。

名称、颜色、符号与其他设计元素一起构成了品牌基本构成的

◎ 图 1-36　茶田 35 号的包装设计

形式层面——品牌识别。如图 1-36 所示，茶田 35 号的包装设计灵感来自阿里山风景区特有的动植物，包括水鹿、林鸲、神木和帝雉。这个艺术包装作品结合了水墨画的技法，与传统的茶包风格截然不同，它用一个崭新而生动的品牌将茶文化与自然形象进一步融合。

1.5.2　品牌承诺

品牌承诺是营销人员或制造商所给予产品与其主张的保证，在包装设计中的品牌承诺是通过品牌识别来传达的。品牌承诺的实现是赢

品牌承诺的实现是赢得消费者忠诚度与产品成功保证的关键性因素。

得消费者忠诚度与产品成功保证的关键性因素。

　　品牌承诺同其他承诺一样，是可以被破坏的。不遵守品牌承诺的方式有很多种，而当这样的行为发生时，不但品牌名誉受损、制造商失去信用，而且消费者可能因此而选择其他品牌。为产品的品牌承诺与感知价值带来负面影响的错误包装如图 1-37 所示。

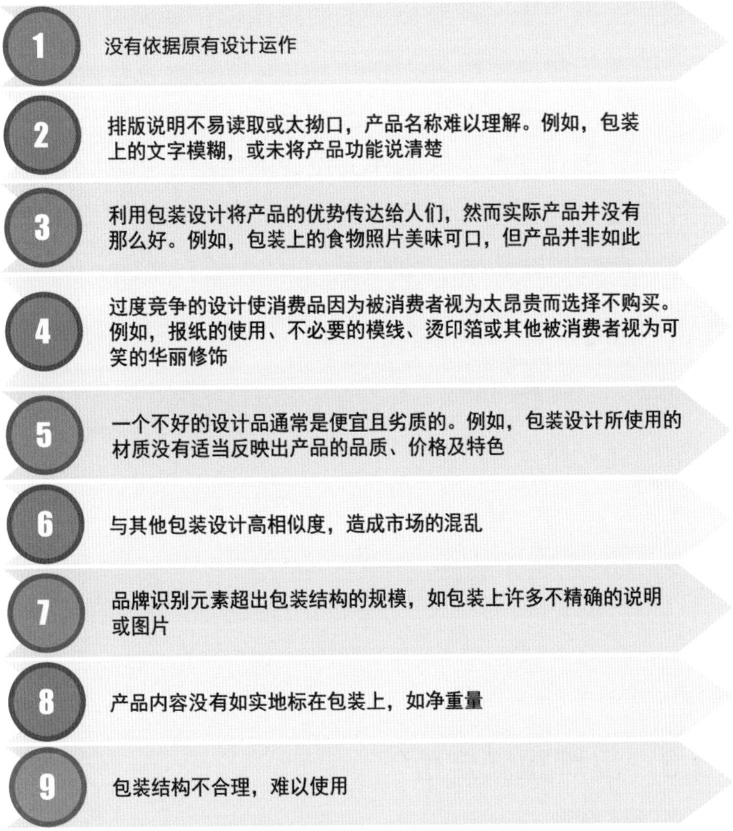

1 没有依据原有设计运作

2 排版说明不易读取或太拗口，产品名称难以理解。例如，包装上的文字模糊，或未将产品功能说清楚

3 利用包装设计将产品的优势传达给人们，然而实际产品并没有那么好。例如，包装上的食物照片美味可口，但产品并非如此

4 过度竞争的设计使消费品因为被消费者视为太昂贵而选择不购买。例如，报纸的使用、不必要的模线、烫印箔或其他被消费者视为可笑的华丽修饰

5 一个不好的设计品通常是便宜且劣质的。例如，包装设计所使用的材质没有适当反映出产品的品质、价格及特色

6 与其他包装设计高相似度，造成市场的混乱

7 品牌识别元素超出包装结构的规模，如包装上许多不精确的说明或图片

8 产品内容没有如实地标在包装上，如净重量

9 包装结构不合理，难以使用

◎ 图 1-37　为产品的品牌承诺与感知价值带来负面影响的错误包装

企业应以极为谨慎的态度来管理品牌资产，因为组成品牌的识别元素是无价的。品牌资产建立在产品特征的兑现，以及品质与价值的保证的基础上。

对于既有的品牌而言，文字编排、符号、图像、人物、色彩及结构等都是包装设计中可以成为品牌资产的视觉元素。而新品牌的成立则因为市场资历尚浅，故没有任何可运用的既有资产，对此，包装设计便负责将新的产品形象带入消费者的眼中。

品牌概念以信任为基础，信任则建立在消费者使用特定品牌产品所产生的愉快经验之上。若有良好的使用体验，消费者则会因期待下次相同体验的发生而持续购买。East Rock 海鲜包装如图 1-38 所示。新西兰鱼类产品品牌 East Rock 至今已有近百年的历史了，其包装不仅简洁大气，而且能够高效制作。设计师采用了日本"鱼拓"的概念，在主视觉上使用黑白的鱼拓形象，而 Logo 则借用了日本传统印章，整体给人一种"好品质"的观感。包装上还有坐标、船只百科等，诉说着品牌百年历史的勤勤恳恳和专业精神。

◎ 图 1-38　East Rock 海鲜包装

1.5.3　品牌重新定位

品牌重新定位指企业重新拟定产品的营销策略，以达到更有效的市场竞争。具体到包装设计上，品牌重新定位是先对既有包装设计的品牌资产做评估，再确定设计策略与竞争优势，最后进行重新设计。产品新策略的方向会在这个过程中出现。品牌重新定位的目的在于提升品牌定位与市场竞争。

在品牌重新定位过程中要考虑的重要问题如图 1-39 所示。

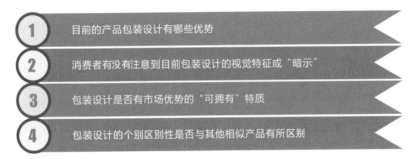

1	目前的产品包装设计有哪些优势
2	消费者有没有注意到目前包装设计的视觉特征或"暗示"
3	包装设计是否有市场优势的"可拥有"特质
4	包装设计的个别区别性是否与其他相似产品有所区别

◎ 图 1-39　在品牌重新定位过程中要考虑的重要问题

如果前三个问题的答案皆是肯定的，那就代表在重新设计的过程中，包装设计已经有自己的品牌识别或视觉元素，故在重新设计时必须谨慎地规划。重新设计的主要目的在于在保存既有品牌资产的前提下增加市场获利。秘鲁油漆品牌 Tekno 全新的标识和包装设计如图 1-40 所示，其全新的品牌形象从"多彩颜色"的概念出发，让整个标识中的彩色"K"能够在其他黑色的文字中更突出。其中，"K"的六种不同颜色代表了 Tekno 所生产的不同类型的产品。此次品牌重塑有助于 Tekno 这个老品牌在现代化的市场中拥有更强的竞争力。

◎ 图 1-40　秘鲁老牌油漆品牌 Tekno 全新的包装设计

一个品牌发展到一定程度会有新系列的产品出现，这时，必须将既有的品牌资产与新的营销目的同时考量。既有设计元素的保留是为了维系消费者对于品牌承诺的认知。

品牌扩展可以是将品牌延伸至同一类别的新产品，也可以是大胆地开发新类别。产品的延伸范围可以包含不同种类、口味、成分、风格、尺寸与造型。在某些情况下，品牌扩展也可能是新的包装设计结构或是对品牌识别具有演化性或革命性的改变。扩展系列产品的选择性可以从很多层面来强化制造商的品牌（见图1-41）。

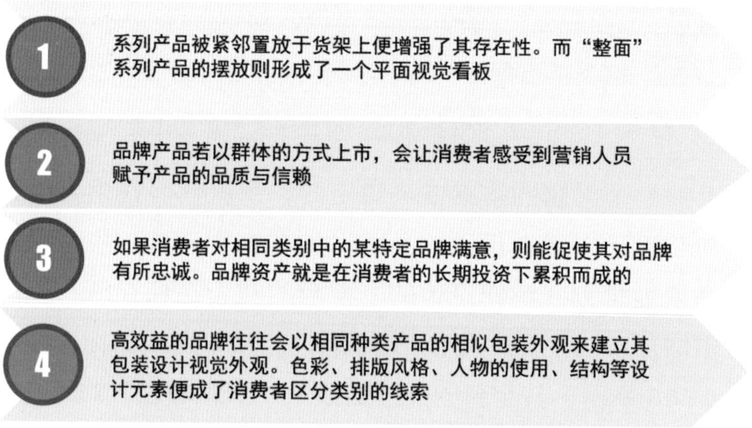

1 系列产品被紧邻置放于货架上便增强了其存在性。而"整面"系列产品的摆放则形成了一个平面视觉看板

2 品牌产品若以群体的方式上市，会让消费者感受到营销人员赋予产品的品质与信赖

3 如果消费者对相同类别中的某特定品牌满意，则能促使其对品牌有所忠诚。品牌资产就是在消费者的长期投资下累积而成的

4 高效益的品牌往往会以相同种类产品的相似包装外观来建立其包装设计视觉外观。色彩、排版风格、人物的使用、结构等设计元素便成了消费者区分类别的线索

◎ 图1-41 扩展系列产品对品牌的强化作用

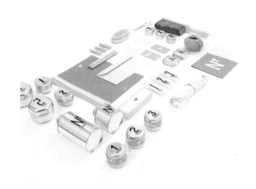

伦敦设计师Shou-Wei Tsai完成的男士护肤和美容套件包装设计如图1-42所示，从不同的产品款式到字体，该款护肤产品的包装都表现出了强大、干净、阳刚的感觉，同时兼具冷静与自信的气质。

◎ 图1-42 男士护肤和美容套件包装设计

1.6　包装设计的 9 个核心要素

设计其实很难有一个标准体系，但是从遵循商业的角度可以找到一些成功创作的路径。设计师要了解包装设计的要素，掌握工艺手法，在各个要素之间寻找最优的平衡点。除视觉设计外，设计师还要懂得包装结构、刀版图、印刷知识等。

1.6.1　外观设计

好的外观可以吸引客户，更好地体现产品的存在感，尤其是异形的包装，往往更能吸引客户的目光。如图 1-43 所示的茶叶包装设计，简洁的套盒设计，通过外盒的镂空标识不同类的茶叶。该包装镂空的设计可以很快地吸引用户，套盒下端采用 1/5 占比的纯色填充，平衡了大面积的留白造成的轻飘感，让整个盒子看起来十分沉稳。

◎ 图 1-43　茶叶包装设计

1.6.2　文字信息

文字是传达思想、交流信息和感情、表达某一主题内容的符号。包装上的品名、说明文字等反映了包装的本质内容，设计时要把文字作为包装设计的一部分来统筹考虑。雀巢咖啡"定味云南"的限定挂耳

功能设计既是功能创新和产品设计的早期工作，也是设计调查、策划、概念产生、概念定义的方法，还是增加产品价值的一种手段。

咖啡包装如图1-44所示。其内盒包装的特别之处在于以经纬度作为主视觉设计，三个不同的地理位置描述实则表达了不同的咖啡豆产地的地域风味，三角切割的开合方式、对半呈现的数字增添了外观的对称美，而小袋的包装形式则在正反两面分别印有纬度，当正反两面拼接时所呈现的以纬度为原点数字的对角式设计将立体感呈现得更加丰满。

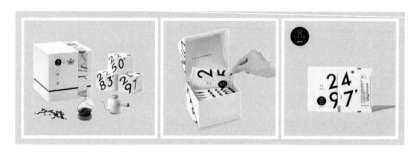

◎ 图1-44　雀巢咖啡"定味云南"的限定挂耳咖啡包装

1.6.3　功能设计

功能设计既是功能创新和产品设计的早期工作，也是设计调查、策划、概念产生、概念定义的方法，还是增加产品价值的一种手段。如图1-45所示的这款包装不是只能容纳一杯奶茶的设计，而是在极简的外观设计下加入了更多的功能元素，如固定不同大小食品的纸带设计，细致而纯粹的包装足见设计者的用心。

◎ 图1-45　Monday Rose 外带包装

1.6.4 材质运用

不同材质的包装可以给人们带来不一样的感官体验，可以增加产品的层次感，从而使产品有更好的售卖价格。魅族可收纳礼盒如图 1-46 所示。礼盒内有时钟、笔筒等产品，采用了几何图形的设计造型，非常精致，而且这套礼盒的材质是混凝土的，区别于传统的收纳设计，十分具有新意。

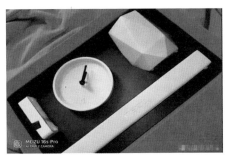

◎ 图 1-46　魅族可收纳礼盒

1.6.5 用户体验

不同的包装给人以不同的触觉体验。从看到包装的结构，到触碰材质，再到一层层拆解、揭露产品的过程中，人们在不同的阶段会有不同的感受，因此，需注重消费者的体验和感受。每次我们点了比萨外卖一般都是戴着用餐手套吃，而图 1-47 所示的这个包装在每一小块比萨下面都放置一张可以捏着比萨的纸，节省了纸巾和刀叉，非常人性化。

◎ 图 1-47　比萨外卖包装

1.6.6　二次利用

包装设计师要多思考和检视，并注入新的设计理念，让包装设计走得更远。一个好的设计应同时兼顾其延展性。如图 1-48 所示为茶叶包装。其设计概念不同于传统的茶叶包装，除突出中心的负空间外，还创建了四个用于容纳产品的隔间，将禅宗美学与现代雕塑之美相结合，不仅可以作为摆设，还可以将其展开用为杯座，具有再利用性。

◎ 图 1-48　茶叶包装

1.6.7　货架展示

包装设计需要有货架思维。通常情况下，包装无法依靠完美的背景来衬托视觉效果，而只能依靠货架来衬托。基于此，设计师需要考虑自己设计的包装能否从众多包装中脱颖而出，以及如何摆放展示有助于突出显示。

茶叶包装设计如图 1-49 所示，这款包装并不像专门的茶叶包装，里面可以是饼干、咖啡、糖果等。但是正因为如此，当这款包装

包装是品牌的核心传播载体，一套个性化的品牌视觉体系包装是非常关键的，需要在充分研究竞品的基础上进行设计，这样才有足够的竞争力。

在茶产品的货架上出现时，一定能第一时间吸引消费者的注意力。由于没有更多的产品信息，这款产品一定是以性价比走量为主的。

◎ 图 1-49　茶叶包装设计

1.6.8　视觉个性

企业要建立独特的品牌视觉个性，保持与竞争品牌的差异化。包装是品牌的核心传播载体，一套个性化的品牌视觉体系包装是非常关键的，需要在充分研究竞品的基础上进行设计，这样才有足够的竞争力。

笔刷形的袜子包装如图 1-50 所示。设计师设计的这款袜子的包装纸跟笔刷一样，"Socksraw"是袜子和画的组合单词，五颜六色的袜子就跟画笔一样丰富了人们的生活，十分美妙。

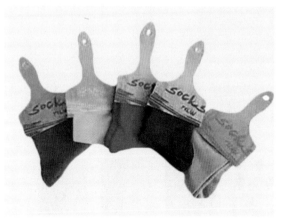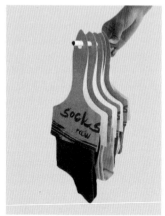

◎ 图 1-50　笔刷形的袜子包装

1.6.9　立体思维

　　包装不是平面的，而是一个立体的多面形体，因此设计师需要考虑从平面到立体的呈现效果，尤其是造型结构，更需要充分考虑多角度的效果，这样做出的样品不会与想象中的有天壤之别。例如，将0、1、2数字标注的细节放大在沐浴用品之上，在整体完好的前提下做到了有效区分，如图 1-51 所示。

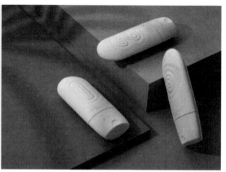

◎ 图 1-51　可有效区分的包装设计

1.7 包装设计的准备工作与设计程序

1.7.1 包装设计的准备工作

1. 接受设计委托

所有的包装设计工作都始于委托方提供的设计委托要求，成功的设计往往与委托方要求的品质相契合。科学家道格拉斯·R.霍夫施塔特曾说过："约束是创造力最终的秘密。"中国的一句谚语也有同样的含义："每个风筝都需要绳子拉着。"这都说明了创造必须在适当的约束下进行。

包装设计师在进行相关设计时必须知道自己从事的工作有哪些限定因素，而一份好的设计委托要求就能提供这些信息。好的设计委托要求会把设计师"固定"在关键目标上，并对所推荐的设计方案提供评估的过程。严谨的设计委托要求是设计师做出决定的根据，好的设计师都应依据设计委托要求来做决策，运用自己的技巧和经验，根据环境和要求来思考、评估、选择、安排、强调、简化、排序和修正。设计师对品牌的主题、价值、个性了解得越多，就越贴近产品，设计的作品也会越好。设计师对目标消费市场及其理性、感性需求体会得越深刻，设计的作品就越容易得到消费者的认可。设计师对竞争对手和零售环境认识得越清楚，就越能创造出具有差异性的设计作品。

设计是设计师根据已知的信息（包含委托内容、市场情况和消费者情况等），通过将想象及对这种想象的表达进行结合，在实现想象时所运用的设计元素或一切设计手段。

2. 市场调研

包装设计可解决产品营销方面的问题，起到推销产品与宣传企业形象的作用。科学的方法与程序是解决问题的前提。这包括对问题的了解与分析，对解决问题方法的提出与优化。市场调研是包装设计的第一步工作，只有有了对市场情况的把握，才能确定设计的方向。

包装通过对形象、形态、企业及品牌理念、文字信息的整合，将产品完美地呈现在消费者面前，以期得到消费者的认可和喜爱，由此来验证"包装是否具有销售力"。销售力是与包装的内容、消费层及销售地点紧密联系在一起的。

设计师面对一项包装设计任务，首先，要了解这属于哪一类型的产品包装。设计师需要了解的产品特点如图1-52所示。

1	是液态的，还是固态的，抑或是气态的等
2	是食品、化妆品，还是文化用品、军用品等
3	产品的外形特征、体积、重量、制作材质是怎样的
4	被包装物是否容易变质、受潮、起化学反应等
5	产品的容量和价格定位如何
6	企业和品牌的历史状况、产品知名度如何
7	与同类产品对比的差异性是什么
8	是新产品上市，还是老产品改观
9	有何特殊要求，是限量版的、珍藏版的，还是礼品包装设计等

◎ 图1-52 设计师需要了解的产品特点

其次，要了解消费阶层的消费心理、消费习惯和使用习惯，以及产品主要的消费对象的年龄层、性别、职业、文化层次等。

最后，要了解销售区域（是国内还是国外，是城市还是乡村，是少数民族地区还是汉族地区）和销售范围（是批发还是零售，是进超市还是进普通商场等）。对上述情况的了解是包装设计成功的开始，而了解这些就是市场调研。

市场调研的步骤如下。

（1）明确市场调研的目的：根据产品与包装的营销性质来确定市场调研的目的。产品包装是开发性的全新推出，还是改良、扩展，要根据不同情况进行调研。开发性的包装设计需要对相关市场潜力、产品包装推出成功的可能性进行调研；改良或扩展的包装设计就要以为什么进行改良，改良的方向、方法与成功的可能性为调研目的。

（2）选定调研对象与内容：根据产品的性质，一般采取抽样的方式在将来可能的消费者中选取一部分人进行调研；在调研内容方面，则要根据产品、市场的特点、经费及其他方面的限制，确定与设计目的相关的调研条目（见图1-53）。

1	市场的特点与潜力、竞争对手与产品等市场的基本情况
2	消费者的年龄、经济收入、文化教育程度等基本情况
3	品牌形象与知名度、好感度的基本情况
4	产品价格、质量、包装材质、销售方式等产品的基本情况

◎ 图1-53　与设计目的相关的调研条目

（3）执行市场调研：在明确调研目的后，可进行问卷调查或在消费者中进行问答式/填表式调研。调查人数越多，结果就越具有客观性。从设计的角度来看，对包装市场情况、竞争对手、销售环境进行观察研究和资料收集是必需的。

（4）市场调研结果总结：在收集的材料与提出的观点保持一致的情况下，对调研内容进行客观的整理、归纳，并提出解决问题的重点和方法。

3. 包装设计定位

包装设计定位是设计师通过市场调研，全面地了解产品、消费者、市场之间的关系，在把握了市场需求及消费者需求的基础上，确定包装设计的信息表现与形象表现的一种设计策略导向。包装设计定位的思想基于这样一种认识：任何设计的目的性、针对性、功利性都是伴随着它的局限性而生的。只有遵循设计的规律，强调设计的针对性原则，才能收到良好的效果。

包装设计定位的 5 个"W"如图 1-54 所示。

◎ 图 1-54　包装设计定位的 5 个"W"

（1）What——什么产品：包装设计所要表达的第一要素。这是指设计师应该将该产品的所有信息，包括产品的内容、品牌、如何使用、怎样保存、重量、等级、成分、生产日期、批号及用完后的废弃物处理等用文字或图解有条不紊地表示出来，而且要用形和色、版式安排作为设计语言来塑造出富有艺术气息的产品形象。

（2）Who——为谁而设计：如今，经济发达、物质丰富、商业繁荣，消费者的群体特征和群体差别就会呈现出来。消费者购买行为的多样化、差别化促使企业管理者和设计师不得不有针对性地去思考很

包装设计的定位决定着包装设计的构思。定位是设计构思的依据和前提,设计构思作为一种形象思维,从初稿到定稿的整个思维过程都离不开各种形象。

多问题。如果是主观地设计出一个皆大欢喜的包装,往往会是平庸而没有个性的作品。只有依照市场多样化、差别化的规律,针对消费群体的需求,才有可能在设计中"领导新潮流"。

(3)When——什么时间:这是设计的时间依据,也就是什么时候推出该产品,该产品的使用周期是多长,该产品主要在什么季节或节假日宣传,以及外围的时间要求等,这是一种时间定位。每种产品、每种包装都有自己的生命周期。"适时"是包装设计的重要原则。不同的产品、不同的消费者会有不同的"适时"原则。有的包装只追求附和流行的审美时尚,不打算有太持久的生命力;有的包装只追求一种相对持久的稳定持重,希望不受风俗时尚的左右。包装的生命,依时而定。

(4)Where——什么地点:这是设计的地域依据。产品和包装有自己的生产地、销售区域,而地域特色常常是文化特色的基础,正如所谓的东甜西辣、南酸北咸也不光指口味的不同。值得注意的是,地域和时间不是一成不变的,而是可以互相转换的。只有深入地比较、研究,才能做到"适时""适地"之举。

(5)Why——为什么:这强调了设计的差别化,要求设计师有创新意识及自己特有的个性。因为在浩瀚的产品海洋中,同类产品在同一个时空,针对同一层面的消费者绝不会只有一种。如果没有自己的品牌特色和新的观念意识,就难以满足人们的求新欲望。在包装定位时多问几个"为什么",自然就会创造出独特的新包装。

包装设计的定位决定着包装设计的构思。定位是设计构思的依据和前提,设计构思作为一种形象思维,从初稿到定稿的整个思维过程都离不开各种形象。在设计一个包装时，能被选为主体形象的要素有很多，而选准重点、突出主题、安排好视觉流程是设计构思的重要原则。

包装设计总的特点是简洁鲜明。图案越简洁鲜明，货架效果就越强烈，也就越能在短时间内引起消费者的注意。据统计，消费者在超级市场中注意到产品，视线只会停留3~4秒钟，而简洁鲜明的包装设计更容易被消费者记住，利于批量生产，且成本低。但是简洁不等于简单，而是要求设计更集中、更典型、更准确，这就不得不提使图案简洁鲜明的另一因素——精加工。精加工包括艺术构思、艺术技巧与工艺制作上的精加工。图案设计的简洁鲜明是针对现代化包装设计总的倾向而言的，至于具体到某个产品，如传统的民族风格浓郁的土特产品、工艺品等图案的简化，都不应损害对产品属性的表达。

（1）品牌定位。

这类策略侧重于产品品牌信息、品牌形象的表现定位，一般主要应用于品牌知名度高的产品包装设计，在处理上以产品品牌形象本身（如产品标识形象、品牌字体等）为设计中心，力求单纯化、标记化。

◎ 图 1-55　香奈儿产品
　　　　包装

香奈儿包装是极简的代表，如图1-55所示，摒除多余的色彩，在颜色上选取经典的黑色加白色，只在少量产品中调和以淡蓝色、淡粉色。对于容器的造型，香奈儿选择了直线中略带曲线的设计，并且容器表面基本没有修饰，更多的是展现简单的平面或曲面的光滑感，从而使内敛而经典的品牌气质得以完美呈现。

（2）产品定位。

这是一种直截了当的表现方法，可突出产品的形象，着力于产品信息的定位，一般用于产品本身赋予某种特色的包装设计（如产品的外形、产品的成分特点等），多运用写实的手法来表现。图 1-56 所示为果酱的包装设计。

◎ 图 1-56　果酱的包装设计

（3）消费者定位。

消费者定位着力于具有特定消费对象的产品定位表现。也就是说，这些产品是为某些特定对象服务的。因此，在进行包装设计时，设计师必须考虑到特定消费者的兴趣和爱好，如考虑其年龄、性别、职业等。在具体处理上，设计师应采用与消费者对应的有关形象并加以典型表现。例如，儿童用品可选用卡通形象来表现；旅行用品可选用优美的图形来处理，从而引起消费者的兴趣。

百事推出的一款带有可重复密封盖的"游戏燃料"饮料 Mountain Dew Game Fuel 如图 1-57 所示。它的特点在于可单手打开且可重复密封，以及带纹理的防滑手感。这款饮料非常适合那些在玩游戏时无法立即停下的游戏玩家——便于保存饮料气泡，游戏时刻无须分神打开瓶盖。

◎ 图 1-57　百事"游戏燃料"饮料 Mountain Dew Game Fuel

4. 包装设计法律规范

包装设计法律条文规定了包装上要提供哪些信息，如重量和尺寸、应该使用何种文字（加拿大正式出售的商品，标签上都必须同时标有英语和法语两种语言，以满足这个双语国家的需要）。此外，相关法律法规要求某些特殊产品包装上要标示健康警告及其他相关信息，就如在香烟包装上要出现健康警示一样。

每个国家都有保障知识产权的法律。包装设计师必须了解相关法律法规，随时跟上法律法规变更的步伐，了解《中华人民共和国广告法》《中华人民共和国产品质量法》。与品牌有关的知识产权都与品牌注册商标有关——诸如名字或字母、字母与数字元、口号、标识、图像、颜色、包装形状、声音和气味等，所有与著作权、品牌的设计、图案和商业秘密相关的都包含于内。从某种角度来看，法规还会有传统法则和客户要求的限制。最显著的法则就是品牌准则，正是这种准则规定了品牌视觉形象的正确性和一致性。但各企业也有自己的惯例，如某品牌洗衣粉规定所用字号不小于 6 号，目的在于满足视力不太好的老年人的阅读需要。

我国有关法规规定，产品包装应有图 1-58 所示的 9 个方面的内容。

1	要有检验合格证
2	有中文标明的产品名称、厂名和厂址。进口产品在国内市场销售时必须有中文标志
3	根据产品的特点和使用要求，需标明产品规格、等级，对所含主要成分的名称和含量应当予以标明
4	限期使用的产品，应标明生产日期或失效日期，食品包装必须标明生产日期、保质期或保存期
5	对于容易造成产品损坏或可能危及人身、财产安全的产品要有警示标志或中文警示说明
6	对已被工商部门批准注册的商标，要在其标志的右上角或右下角标注®（Register）或"TM"
7	对已被专利部门授予专利权的，可在产品上注明
8	生产企业应在（产品或其说明）包装上注明所执行标准的代号、编号、名称
9	对已取得国家有关质量认证的产品，可在包装上使用相应的安全或合格认证标志

◎ 图 1-58　法规规定的产品包装必含的 9 个方面的内容

1.7.2　包装设计的一般程序

包装设计的程序一般包括选题、设计定位、确定设计方案、设计展开、评审、制作成型等步骤。

1. 选题（确定设计项目）

承接方（乙方）接受委托方（甲方）的设计任务，需要了解委托方，并在协商的前提下确定设计的指导思想。

确定主题、寻找主题、制作相关的设计文案是十分必要的，这样可以从一开始就准确地把握作品应该呈现的风格和制作手段。

2. 设计定位（设计调研，收集资料）

一个产品包装如何正确体现产品的特性、合理发挥包装的广告性？包装设计定位起着重要作用。产品包装的定位是根据调研来确定的，包括产品调查、企业情况调查、消费者状况调查、营业状况调查、同类产品调查。其中，应重点进行两项调查：确定产品的消费人群，展开对消费人群的特殊喜好和禁忌的调查；分析产品特点及包装要求。一般市场调研的内容如图 1-59 所示。

1	市场的基本情况——市场的特点与潜力、竞争对手的情况等
2	消费者的基本情况——消费者的年龄、收入、受教育程度等
3	市场相关产品及已投放市场的自家产品的基本情况——品牌形象与知名度、消费者的好感度与信任度、产品的价格、销售方式、包装的优劣等

◎ 图 1-59 一般市场调研的内容

3. 确定设计方案

把客户的意见、法规要求及设计师对产品的感受作为衡量设计的尺度，提出若干符合设计要求的方案，重点是包装材料与结构造型设计、包装装潢方案的选择，经过筛选、修改，最终形成产品包装的整体解决方案。

4. 设计展开（创意、构图）

设计展开主要针对具体的要求进行展现，有可能是装潢方面的展开，也有可能是结构方面的展开，还有可能是以材料为主体的包括设计创意、制图及模型的展开。

5. 评审

委托方对设计结果进行评议、审查，提出修改意见。

6．制作成型

　　制作样品是最直观的设计表达，有助于在发现包装的实际缺陷之后，从结构、色彩和材质方面做进一步的调整。在制作时，注意样品尺寸与实际尺寸要对应；包装的草样可以根据设计内容用纸板、木头或石膏等材料，通过打印样稿覆盖等手段表达包装设计的最终效果。

第 2 章

包装的色彩设计

色彩、图形、文字是包装设计的三个基本要素。色彩是包装设计最直接、有力的设计要素。包装的色彩要求平面化、匀整化。这是对色彩的过滤、提炼和高度的概括，具有吸引消费者并让他们清晰认知、记忆的直接效果，如胶卷柯达的黄色、富士的绿色、珂利卡的蓝色，无论是在货架上还是在人们的记忆深处，都能一呼即出。

2.1　包装色彩设计的 7 个作用

包装色彩设计的 7 个作用如图 2-1 所示。

1	引人注意
2	反映产品特性
3	暗示产品质量
4	突出主题
5	赏心悦目
6	加强记忆
7	有助于企业形象色的强化和统一

◎ 图 2-1　包装色彩设计的 7 个作用

2.1.1　引人注意

能引起消费者注意是增强包装效果的首要目的。在人们的视觉认知过程中，不是被动地接受客观事物的刺激，而是受到客观事物和人的主观心理因素相互作用的影响。产品包装的色彩对消费者来说就是一种元素，而这种元素只有具备一定的个性特征才能引起消费者的注意。在包装设计的多种元素中，色彩的视觉冲击力最强。包装所使用的色彩会使消费者产生联想、诱发各种情感，同时使购买心理发生变化。

网红品牌三顿半咖啡的包装亮眼大气，如图 2-2 所示。透明外盒采用了常见的塑料硬胶材质，顶部配有 Logo 设计，再加上黑色小包装的咖啡，直观地展现了产品的特色，而鲜明的沉黑基调更易引起消费者的注意。

◎ 图 2-2　网红品牌三顿半咖啡的包装

2.1.2　反映产品特性

色彩设计得以在一种产品的包装上应用，便使这种色彩与该产品产生了一定的关系。在人们的生活习惯及社会审美意识的演绎过程中，有相当一部分的色彩在包装上的应用已得到了一定程度的认知与认同，如巧克力包装常以咖啡色为主，橙汁的包装常以橙红色、橙黄色为主。色彩商品性在主观与客观、自觉与不自觉中逐渐形成，也使设计师与消费者之间有了无言的沟通，使一系列色彩与特定的产品及其包装之间有了内在与外在的无形联系，并最终成了产品的无声说明。色彩的运用是为产品内容服务的，因此用色时先要考虑内在产品的不同性能特点。

1. 食品类

食品类产品包装的常用色调如图 2-3 所示。

1	用红色、黄色、橙色等强调味觉，突出食品的新鲜、美味、富有营养
2	用蓝色、白色表示食品的卫生、冷冻
3	用粉红色、粉橙色、粉绿色表现食品的新鲜、富有叶绿素等，用沉着朴素的色调说明酒的酿制历史等

◎ 图 2-3　食品类产品包装的用色

名为"少女心"的茶叶包装如图 2-4 所示，3 个不同的头像代表3 种不同的心情，形成一组特色鲜明的设计。这类设计风格同时适合更多口味的拓展，能够完全体现出这种设计风格的优势。虽然少女的卡通形象没有直白地显示产品类型，但是卡通少女头饰的细节能将产品的基本特点直白地展现出来。

◎ 图 2-4　茶叶包装

2. 医药品类

医药品类产品的包装常用单纯的冷暖色块，一般多用中间色，使患者不至于因刺激太大而产生厌烦的感觉（见图 2-5）。

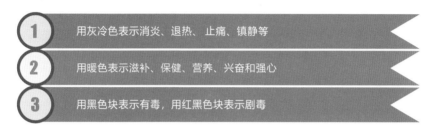

1　用灰冷色表示消炎、退热、止痛、镇静等

2　用暖色表示滋补、保健、营养、兴奋和强心

3　用黑色块表示有毒，用红黑色块表示剧毒

◎ 图 2-5　医药品类产品包装的用色

Feel Better 概念药品色彩疗效包装如图 2-6 所示。设计师试图通过改变药品的包装颜色来刺激人们的视觉神经，从而达到快速治疗疾患的目的。

◎ 图 2-6　Feel Better 概念药品色彩疗效包装

3. 化妆品类

化妆品类产品的包装常用柔和的中间色调（见图 2-7）。

| 1 | 用淡雅的粉红色、淡玫瑰色来表示轻快和高贵 |
| 2 | 用黑色来表示某些化妆品的庄重大方（男用较多） |

◎ 图 2-7　化妆品类产品包装的用色

日本星巴克推出的樱花限定杯如图 2-8 所示。以粉色和紫色为主色调，将樱花的花瓣应用在杯身上再透过蓝紫的渐变色系，从而使杯子显得梦幻了很多。

◎ 图 2-8　日本星巴克樱花限定杯包装

4. 五金、机械工具类

五金、机械工具类产品的包装常用蓝、黑及其他沉着色系，以表示坚实、精密、耐用的特点（见图 2-9）。

◎ 图 2-9　五金、机械工具类产品的包装

5. 儿童玩具类

儿童玩具类产品的包装常用鲜艳夺目的纯色和各种冷暖对比强烈的色块，以迎合儿童的心理和爱好（见图2-10）。

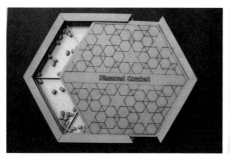

◎ 图2-10　儿童玩具类产品的包装

6. 婴儿用品类

婴儿用品类产品的包装多以柔和的颜色作为全色，象征婴儿的幼嫩形象（见图2-11）。

◎ 图2-11　婴儿用品类产品的包装

7. 体育用品类

体育用品类产品的包装多采用鲜明、鲜亮的色块或流畅的线条，以增加活跃度或运动的感觉。

Foot Locker 成立于 1974 年，是一家体育运动用品零售商。该公司一个重要的视觉特征就是员工穿着类似于裁判员的衬衫，以及店铺正面的黑白条纹。如图 2-12 所示的包装的第一个亮点是根据炫目的迷彩绘制的一组新图案，将不同角度的条纹组合在一起，创造出令人眼花缭乱的效果。设计师将字标嵌入图案中，然后将这种组合物放大并在各种应用中使用，从而创造出一种独特的、可识别的纹理。第二个亮点是与 F37 合作设计的定制字体，该字体以字标为起点，并且由于轻微的笨拙而显得非常酷。从总体上来说，混合使用大小写字母的效果会更好，而不仅仅是使用大写字母，因为这样的混合使用能营造出一种更具技术性的氛围。

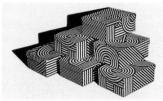

◎ 图 2-12　体育用品零售商 Foot Locker 的产品包装

8. 纺织品类

纺织品类产品的包装常采用黑色、白色、灰色的层次关系，以在调和中求对比、在对比中求调和的方法为宜（见图 2-13）。其中，女用纺织品类产品的包装多使用鲜艳富丽的色彩。

◎ 图 2-13　毛巾包装

以上介绍的只是一般性的规律，当然不是一成不变的。有的反其道而行之，反而能在同类包装作品中脱颖而出。例如，椰树椰汁的主打色彩是黑色，不同于饮料行业产品多以固有色为主，因此它的出现也算是特例。随着时间的流逝，人们慢慢适应了黑色的饮料包装设计，由此推出了多种以黑色为主色的饮料包装，可口可乐的一款饮料包装也用了黑色。一般体育用品类包装多采用鲜明的色块，但有的渔具包装采用稳重的色彩展现。色彩运用要恰如其分，因为消费人群的色彩偏好也是包装设计的重要因素。

2.1.3　暗示产品质量

色彩能起到暗示产品质量的作用。包装可运用独特的色彩语言来表达产品的种类、特性、品质，便于消费者购买。娇兰礼盒包装如图 2-14 所示。设计师采用精致的红金色搭配，在瓶身上费了一些心思，采用了特殊的材质和造型，从而使得包装更有质感。

◎ 图 2-14　娇兰礼盒包装

2.1.4　突出主题

色彩能够突出包装设计的主题。包装的色彩设计所展现的情调能使消费者受到某种特定情绪的感染，并领悟包装所要传达的宗旨，引起消费者的共鸣，使消费者对产品产生好感。

◎ 图 2-15　LV 某系列香水的包装

LV 某系列香水外盒包装如图 2-15 所示。设计师以马卡龙色调进行纯色填充，并在盒身下半部分加入具象插画以区分不同气味的香水；将夏日代表色浓缩在外观盒及香水之中，从而给消费者以直观的体验。此外，在瓶身上还可进行个性化刻字的独特工艺制作。

2.1.5　赏心悦目

色彩具有悦目的视觉效果。良好的色彩设计不仅能够有效地传达产品的信息，而且能引起消费者的观赏兴致，给消费者以赏心悦目的审美享受和熏陶。

◎ 图 2-16　汉口二厂汽水包装

极具港风特色的汉口二厂汽水包装如图 2-16 所示。设计师在复古玻璃瓶上加以立体雕花，原创瓶型符合人体工程学，金属旋盖上的"嗝"字图案增添了几分趣味；根据不同口味特性加入极具个性的贴纸，尽显文案内涵，如用谐音的"运汽"对应右上角的"签"字，突出"喝完就有好运气"的主题概念。

包装的色彩受工艺、材料、用途、销售地区等多方面的制约。

2.1.6 加强记忆

色彩能起到加强记忆的作用。包装就是运用色彩反复传递同样的信息，使消费者对产品留下深刻的印象。

凯歌香槟"邮品"系列包装如图 2-17 所示。该系列包装参照经典的信封手提包而设计，大面积使用醒目的橙黄色，使该包装能够在第一时间抓住消费者的视线。包装的边缘是棕色的，还有一条棕色的腕带，这让整体包装色调变得丰富、有层次，而腕带的设计让用户在赶路的时候可以很容易地把它带在身边。

◎ 图 2-17 凯歌香槟"邮品"系列包装

使用色彩来激发人的情感应遵循一定的规律。包装色彩设计要求在一般视觉色彩的基础上，发挥更大的想象力。以人们的联想和人们对色彩的习惯为依据，进行高度的夸张和变化，是包装艺术的专业特性。在产品包装领域，一直运用的一些特定的色彩与配色规律尽量不要变，不然，人们就不能很快地识别和认知。

包装的色彩受工艺（采用不同的印刷方式，如凸印和胶印，即使同一种色彩也有会变化）、材料（同一种色彩印在布或木上会有变化，同一种色彩印刷在不同纸张上也会有变化）、用途（如食品多用暖色、工业产品多用冷色）、销售地区（如中国人喜欢红色，它洋溢着节日的喜庆；西方人喜欢白色，它代表着纯洁和干净）等的制约。

亚洲 Dynasty 有机调味品的独特高端包装如图 2-18 所示。设计师挑选了现有食品品牌名称，重新设计其大众市场产品线和高端精品路线，这应该是独特的、有吸引力的、高端的。因该公司销售中国食品及亚洲其他国家的食品，故其设计理念是尊重中国文化源远流长的起源的，其中蓝色和白色两种颜色的选择就是受到了中国陶瓷艺术的启发。

◎ 图 2-18　亚洲 Dynasty 有机调味品的独特高端包装

2.1.7　有助于企业形象色的强化和统一

主色调是指整个画面的色调倾向，即能在画面中起统治作用的色调。色彩是品牌标志的一部分，要注意展现品牌色彩。持续使用的一种色彩往往成为这个品牌的"专有"色彩，甚至每当消费者看到这个

色相对比的运用能使设计的效果鲜艳、明快，有较强的视觉冲击力。

色彩时，就会立刻联想起这个品牌。有时候，包装所应用的色彩往往需要根据企业或品牌的标准色来处理。让企业、产品和包装形成统一的视觉印象，能增强对产品的识别性。企业的标准色往往被用作包装的主色调。例如，百事可乐易拉罐包装上的蓝色、白色、红色就是其包装的主要色彩（见图 2-19 ）。

◎ 图 2-19　百事可乐易拉罐包装

2.2　色彩的对比设计

2.2.1　色相对比

色相是色彩的外貌。色相对比是指不同外貌的色彩在时间和空间上的相互关系及其对视觉所产生的影响。在产品包装设计中，色相对比的运用能使设计的效果鲜艳、明快，有较强的视觉冲击力。色彩在色相环上的位置决定色相对比的强度。色相对比的类型如图 2-20 所示。

1	**同类色对比** 色相位于色相环上相距15度以内的对比
2	**类似色对比** 色相位于色相环上相距30度以内的对比
3	**邻近色对比** 色相位于色相环上相距60度以内的对比
4	**对比色对比** 色相位于色相环上相距120度以内的对比
5	**补色对比** 在色相环上的两色位于直径的两端，相距180度，是色相中最强烈的对比，如红与绿、黄与紫、蓝与橙等

◎ 图 2-20　色相对比的类型

　　寿司爸爸外卖包装如图 2-21 所示，采用橙色和海蓝色，对比鲜明，非常引人注目。

◎ 图 2-21　寿司爸爸外卖包装

　　在包装设计中，运用补色对比进行色彩设计（见图 2-22），会使产品包装给人一种绚丽夺目的感觉，也会使包装在众多的竞品中脱颖而出，但补色对比是最难处理的，应避免使用混乱。

◎ 图 2-22　红色与绿色的对比

2.2.2　明度对比

　　将两种不同明度的色彩并列会出现明的更明、暗的更暗的现象。人眼对明度对比最敏感，明度对比对视觉的影响最大、最基本。在产品包装的色彩设计中，运用明度对比能使包装的整体形象更加鲜明、强烈，重点更加突出。

　　图 2-23 所示的这款化妆品包装的颜色搭配设计灵感来自对翡翠色深浅变化的掌握，通过不同饱和度颜色分层次的效果，可以激活每一个观察者的眼睛。

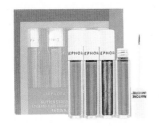

◎ 图 2-23　化妆品包装

2.2.3　纯度对比

纯度对比是指不同纯度的色彩并列，出现鲜的愈鲜、浊的愈浊的色彩对比现象。相对于明度对比和色相对比，纯度对比更柔和、更含蓄，具有潜在的对比作用。

Cornish Orchards 果汁包装如图 2-24 所示，其纯度高低不同的色彩搭配表达了果汁的纯天然无添加和新鲜、可口。

◎ 图 2-24　Cornish Orchards 果汁包装

2.2.4　面积对比

任何配色效果如果离开了相互间的面积对比都将无法讨论。有时，对面积的斟酌要超过对颜色的选用。对比色双方面积大小悬殊能产生烘托和强调的效果。某一色彩面积越大，越能使色彩充分表现其明度和纯度的真实面貌；某一面积越小，越容易形成视觉上的识别异常。在包装设计中，加大色彩的面积可以突出重点，增强所要表达的效果。此外，色彩的形态、位置对比不同也能呈现不同的视觉效果。

图 2-25 所示的这款茶叶包装设计的用色是亮点，黑色、白色、灰色、红色用得恰到好处。同时，罐体正面印花的下沿遵循"强制平衡"的视觉逻辑，使得三个罐子摆在一起的时候整体感非常强。

◎ 图 2-25　茶叶包装

2.3　色彩调和

色彩调和是指两种或两种以上色彩配合得当，相互协调，达到和谐。人们对色彩和谐的观点可归纳为两大类：一类是一味求统一，如"和谐就是类同""和谐就是近似"，越统一越和谐，把和谐当作对比的反面，这样的认识太片面；另一类是通过色彩力量的对抗从中求得和谐，如"和谐包含着力量的平衡与对称"。

色彩调和有统一性调和和对应性调和之分。前者是以统一为基调的配色方法，在色彩"三属性"中尽量消除不统一因素，统一的要素越多越易融合。后者是一种适应范围更广的配色方法，它完全基于变化之上，调和的难度比较大。如果要求色彩效果强烈，富于变化，活泼、生动，那就有必要采用对应性调和的方法。对应性调和的关键是要赋予变化一定的秩序，使之统一起来。秩序是指整体与部分之间是否存在共同的因素，如节奏、同质要素，共同的形状、共同含有的色彩，统一的色调等。

某品牌巧克力包装如图 2-26 所示。其品牌名称来自结构形式最稳定的可可脂结晶。因此，包装图案反映了巧克力制作过程的科学与工艺的精心融合。在进行品牌包装设计时，设计师应仔细考虑品牌发展。包装色彩的统一性调和显示出产品及品牌的低调、雅致、奢华。

◎ 图2-26　某品牌巧克力包装

某品牌系列休闲食品包装如图2-27所示。设计师将插画与实际的食品图片相结合，以简单、明亮的色彩实现了完美的对比调和。

◎ 图2-27　某品牌系列休闲食品包装

2.4　常见色彩给人的印象与感觉

2.4.1　红色

红色给人以温暖、性格刚烈而外向的感觉，是一种对人刺激性很强的色。红色容易引起人的注意，也容易使人兴奋、激动、紧张、冲动，还是一种容易造成人们视觉疲劳的色。

某品牌咖啡的圣诞主题包装如图 2-28 所示。该包装以圣诞红为主色调并大面积使用，以巨大的圣诞树为背景，描绘出白天与黑夜下着雪的圣诞场景图。

◎ 图 2-28　咖啡的圣诞主题包装

2.4.2　黄色

黄色的性格冷漠、高傲、敏感，给人以扩张和不安宁的视觉印象。黄色是最为"娇气"的一种色——只要在纯黄色中混入少量的其他色，其色相感和色彩性格均会发生较大程度的变化。

林家铺子"童年系列"黄桃罐头包装如图 2-29 所示。该包装以回忆童年为噱头，"一口回到小时候"的产品概念能够引起消费者的情感共鸣，暖黄色调贴合黄桃的特性，直观地突出了产品内容；插画上的 IP 形象主要以漫画风呈现，青蛙玩具的设计贴合童年记忆，妙趣横生的画面内容更易吸引年轻人。

◎ 图 2-29　林家铺子"童年系列"黄桃罐头包装

2.4.3　蓝色

蓝色给人以朴实而内向的感觉，是一种有助于人头脑冷静的色。代表朴实、内向的蓝色常为那些代表活跃、具有较强扩张力的性格的色彩提供一个深远、平静的空间，成为衬托活跃色彩的友善而谦虚的朋友。蓝色还是一种在淡化后仍然能保持较强个性的色。如果在蓝色中分别加入少量的红、黄、黑、橙、白等色，均不会对蓝色的性格带来较明显的影响，如江小白鼠年限量版包装设计（见图2-30）。

◎ 图2-30　江小白鼠年限量版包装设计

2.4.4　绿色

绿色是具有黄色和蓝色两种成分的色。绿色将黄色的扩张感和蓝色的收缩感相中庸，将黄色的温暖感与蓝色的寒冷感相抵消，这样使得绿色的性格平和、安稳。绿色是一种柔顺、恬静、优美的色。

五常大米包装如图2-31所示，墨绿色主基调的色彩搭配赏心悦目，水彩晕染的背景增加了视觉美感。

◎ 图2-31　五常大米包装

2.4.5 紫色

紫色的明度在有彩色的色料中是最低的。紫色的低明度给人一种沉闷、神秘的感觉。紫色包装如图 2-32 所示。

◎ 图 2-32 紫色包装

2.4.6 白色

白色给人以朴实、纯洁、快乐的感觉，具有圣洁的不容侵犯性。在白色中加入其他任何色都会影响其纯洁性，使其性格变得含蓄。白色包装如图 2-33 所示。

◎ 图 2-33 白色包装

2.4.7 黑色

黑色给人以高贵、稳重、高科技的印象，是许多科技产品的用色，如电视机、跑车、摄影机的色彩。在其他方面，因黑色庄严的意象，一些特殊场合的空间设计、平面设计、生活用品和服饰设计大多利用黑色来塑造高贵的形象。黑色是一种永远流行的主要颜色，适合和许多色彩做搭配。

布达佩斯某高级手工西装定制店包装设计如图2-34所示。其以优雅的黑色为基调，印有反光性质的羽毛形态，在内部的包装上压印着Logo。该包装设计采用了一种非常内敛的表达方式。

◎ 图2-34　布达佩斯某高级手工西装定制店包装设计

2.5　色彩的直接心理效应

人们在观看色彩时，由于受到色彩的不同色性和色调的视觉刺激，在思维方面会产生对生活经验和环境事物的不同反应，这种反应是下意识的直觉反应，明显带有直接性心理效应的特征。

2.5.1　轻重感

色彩的轻重主要取决于色彩的明度，高明度色使人联想到棉花、空气、云雾、薄纱等，给人以轻飘柔美的感觉。低明度色使人联想到金属、岩石、泥土等，给人以厚重、沉稳的感觉。对于同明度、同色相的色彩，纯度高的色彩使人感觉轻，纯度低的色彩使人感觉重；暖色给人的感觉轻，冷色给人的感觉重。

茶叶包装设计如图2-35所示。轻盈、健康、活力是这款包装的设计主题，这也与花茶这个产品品类的性质天然吻合。五彩的生活、五彩的味道组合，是非常直观的设计传达。罐体的陈列方式传达了一种便于携带的信息，可作为一款旅行装。

◎ 图2-35　茶叶包装

2.5.2　冷暖感

冷暖感属于人体本身的一种感觉。色彩的冷暖不是用温度来衡量的，也不等同于皮肤的冷暖直觉，它是一种经验，源于人们对自然界的了解和感受。例如，太阳和火焰温度很高，它们所迸射出的红橙色光使人感到温暖或炎热，而大海、冰雪带给人的是寒冷或凉爽，它们反射出的是青、蓝、蓝紫等色光。

某品牌系列香水包装如图2-36所示。该包装将美国西海岸的晚霞以插画的形式完美再现，渐变色系的运用融合了日落、洛杉矶上方的天空及这座城市的气氛等元素，给人一种温暖的感觉。

◎ 图2-36　香水包装

2.5.3　软硬感

在色彩的感觉中，有柔软和坚硬之分，这主要与色彩的明度和纯度有关。高明度、低纯度的色彩倾向于柔软，如米黄、奶白、粉红、浅紫、淡蓝等粉彩色系（见图2-37）；低明度、高纯度的色彩显得坚硬，如黑色、蓝黑色、熟褐色等。从色调上看，对比强的色调具有硬感，对比弱的色调具有软感；暖色系具有柔软感，冷色系具有坚硬感。

◎ 图 2-37　沐浴露产品包装

2.5.4　前进感与后退感

色彩的距离感与明度和纯度有关。明度和纯度高的色块容易给人以膨胀的感觉，显得比明度低、纯度低的色块面积大，因此具有前进感。相反，明度低、纯度低的色块具有后退感。暖色有前进感，冷色有后退感。色彩的前进感与后退感可在一定程度上改变空间尺度、比例、分隔，改善空间效果。

Global Village 果汁包装如图 2-38 所示。设计师利用色彩的前进与后退感，以深绿色的背景将各种水果的形态突出出来，给人一种美味可口的果汁呼之欲出之感。

◎ 图 2-38　Global Village 果汁包装

2.5.5　兴奋感与沉静感

色彩的兴奋与沉静跟色彩的冷暖有关。例如，红、橙、黄等暖色给人以兴奋感；蓝绿、蓝、蓝紫等冷色给人以沉静感，中性的绿色和紫色既没有兴奋感也没有沉静感。此外，明度和纯度越高则兴奋感越强。

沉静感与兴奋感包装示例如图 2-39 所示。

（a）沉静感——果汁饮料包装　　　（b）兴奋感——粉色系高级手工巧克力包装

◎ 图 2-39　沉静感与兴奋感包装示例

2.5.6　华丽感与质朴感

明度高、纯度高的色彩给人以明快、辉煌、华丽的感觉，明度低、纯度低的色彩给人以朴素、沉着的感觉。从调性上看，活泼、明

人的感觉器官是相互联系、相互作用的。视觉的感觉器官在受到刺激后会诱发听觉、味觉、嗅觉、触觉等感觉系统的反应，这种伴随性感觉在心理学上称为通感。

亮、强烈的色调比较华丽；相反，暗色调、灰调比较质朴。

在设计包装时，设计师会根据产品的特性、档次决定色彩是华丽的还是朴素的。古老或传统的产品需要表现一种乡土味或质朴感，因此，设计者可以运用较稳重的灰色或淡雅的色彩来体现一种纯朴、素雅的感觉和悠久的历史感。

有恒焙茶包装如图 2-40 所示，在黑色的背景下，金色具有了金灿灿的光泽。设计师用黑色表达沉稳大气之感。

◎ 图 2-40　有恒焙茶包装

2.6　色彩的间接心理效应

2.6.1　色彩的通感

色彩是人类视觉对阳光下的世界的反应。色彩除与视觉密切相关外，还与人的其他感官知觉密不可分。人的感觉器官是相互联系、相互作用的。视觉的感觉器官在受到刺激后会诱发听觉、味觉、嗅觉、触觉等感觉系统的反应，这种伴随性感觉在心理学上称为通感。

1. 视觉与听觉的关联

"绘画是无声的诗，音乐是有声的画"，美好的事物可以使人联想到流淌的音乐，美妙的声音可以使人联想到斑斓的色彩，甚至一幅幅优美的画面。色彩与音乐相辅、相生、共通。"听音有色，看色有音"，是对视觉与听觉的关系的最好描述。

TNX 食品包装如图 2-41 所示。该包装由不同形态的点、线、面构成，犹如或舒缓或激扬，或悠长或短促，或喜悦或伤悲的音曲，令人回味。

◎ 图 2-41　TNX 食品包装

2. 视觉与味觉、嗅觉的关联

味觉与人们的生活经验、记忆有关。人们一看到青苹果，就能想象出酸甜的味觉；一看到红辣椒，就能想象出辣的味觉；一看到面包，就能想象出香甜的味觉。可见，色彩虽不能代表味觉，但各种不同的色彩能够引发人的味觉反应。色彩可以促进人的食欲，"色、香、味俱全"贴切地描述了视觉与味觉、嗅觉的关系。例如，食品店多用暖色光，因为明亮的暖色系容易引起人们的食欲，也能使食物看上去更加新鲜。

色彩的象征性源于人们对色彩的认知和运用，是历史文化的积淀，是约定俗成的文化现象，也是人们共同遵循的色彩尺度。它具有标志和传播的双重作用，是通过国家、地域、民族、历史、宗教、风俗、文化、地位等因素体现出来的。

再如，松软食品的包装会采用能给人以柔软感的奶黄色、淡黄色等。

汉口二厂新品饮料包装设计如图 2-42 所示，瓶身上布满提炼的水果形象——设计师用简单的符号加强口味可视化，给人以轻松活泼的视觉享受；以三种不同的 IP 插画用来区分三种不同口味的气泡水。而这样有吸引力的新包装得益于天然的色彩呈现通过配色所展现的产品活力，进而激起消费者的食欲——粉色的甜蜜诱惑、黄色的温暖愉悦、绿色的清爽健康。

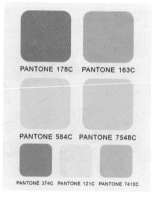

◎ 图 2-42　汉口二厂新品饮料包装及其采用的潘通色

2.6.2　色彩的象征性

色彩的象征性源于人们对色彩的认知和运用，是历史文化的积淀，是约定俗成的文化现象，也是人们共同遵循的色彩尺度。它具有标志和传播的双重作用，是通过国家、地域、民族、历史、宗教、风俗、文化、地位等因素体现出来的。不同国家、民族对色彩具有不同的偏爱，并赋予了色彩各种特定的象征意义，如黄色在东方宗教中被看作最为神圣的色彩。

　　色彩与产品的关系很复杂，色彩不仅可以表明产品的特点，还可以引起人们对产品的其他想象。在不同的文化体系下，色彩所表达的意义可能完全不同。在中国的白酒包装中使用红色，消费者不会因此而误会白酒是红色的，因为红色的运用方式在中国已经是约定俗成的了。所以，在产品包装的色彩设计中需要传递某种象征意义时，一定要认真研究色彩的寓意，了解色彩的精神象征，这样设计出来的包装才能进一步促进产品的销售。

　　兔年利是封红包设计如图 2-43 所示。

　　该包装为中国农历兔年利是封红包设计，其典型的中国红和金色的点缀，营造出吉庆、祥和的节日氛围，同时表达出美好的祝福。

◎ 图 2-43　兔年利是封红包设计

2.6.3　对色彩的喜好与禁忌

　　色彩能引发人们的遐想，能给人带来丰富的联想，使人产生喜、怒、哀、乐，因此，绝大多数的消费者会对某种色彩有特别的喜好，且这种喜好随意性强，经常会因个性、时代、社会形态、流行元素、周围环境、教育形式、突发事件等差异而发生改变。人们会对色彩产生喜好，当然也会有所禁忌。当历史传统、民族文化导致有些色彩引起公众的不良情绪和联想时，色彩的禁忌就产生了。包装设计要注意销售地区的风土民情，因此，设计师在进行色彩设计时一定要适当地回避禁忌色，以免造成不必要的损失。

久久卫门手调味产品包装如图 2-44 所示。该包装使用了传统的日式风格配色——红白搭配，营造了鲜明的基调。在包装的核心 Logo 设计上，设计师以"Fujiyasu"的前面两个字母来代表其中的吉祥图案——飞翔般的抽象设计增加了包装的符号化特征，传达出商家的奉献精神。

◎ 图 2-44　久久卫门手调味产品包装

2.7　色彩模式与色卡认识

RGB 色彩模式，就是自然界万物的颜色，以红（R）、绿（G）、蓝（B）三个颜色通道的变化及它们相互之间的叠加来得到各式各样的颜色。RGB 代表红、绿、蓝三个通道的颜色，几乎包括了人类视力所能感知的所有颜色，是目前运用最广的颜色系统之一。目前，显示器大都采用了 RGB 颜色标准，这也说明了其对人们来说的重要性。显示器显示的色彩丰富饱满，但不能进行普通的分色印刷。

CMYK 色彩模式，是一种专门针对印刷业设定的颜色标准，是通过对青（C）、洋红（M）、黄（Y）、黑（K）四种颜色的变化及它们相互的叠加来得到各种颜色的。CMYK代表青、洋红、黄、黑四种印刷专用的油墨颜色，也是Photoshop软件中四个通道的颜色——通过控制青、洋红、黄、黑四色油墨在纸张上的相叠印刷来产生色彩。与RGB色彩模式相比，CMYK色彩模式的颜色种数少，色彩不够丰富饱满，在Photoshop软件中运行速度较慢，而且部分功能无法使用。由于颜色种数没有RGB色多，当图像由RGB色转为CMYK色后，颜色会有部分损失（从CMYK色彩模式转到RGB色彩模式则没有损失），但它是唯一一种能用来进行四色分色印刷的颜色标准。

潘通色卡（PANTONE）是规范设计中的色彩标准语言，是设计师完成色彩设计的高水准工具，对潘通色卡的熟练使用将使设计师的创意构想得到完美的体现（见图2-45）。一件色彩丰富的设计作品要真正成为产品的外包装，需要经过相应的工艺过程。在这个工艺过程中，潘通色卡将成为色彩方面的通用语言。

◎ 图2-45　潘通色卡

潘通四色叠印套装分别以光面铜版纸及胶版纸印制。《潘通四色叠印指南》共刊载 3000 多种 CMYK 色彩标准。其中的各种色彩皆按色差序列排序，方便用户选色。从配置四色叠印色彩到字体、标志、花边、背景及其他图像效果，该指南必定是视觉参考、沟通及调控色彩的理想工具。

第3章

包装的图形设计

　　不同文化背景的人对于同一张图片的感知不同，图形不像色彩有许多既定标准可以参考，同一张图片所代表的意义因人而异。例如，美国文化中的雏菊代表的是春天、新鲜、生命力与爱情，然而对于法国人而言，雏菊隐含着哀悼、悲伤与难过的意思。

　　若有效地将图形应用于包装设计（如插图、摄影），则会给人留下深刻的印象。在产品包装设计中，图形的表现是不可缺少的。图形语言具有直观性、丰富性和生动性的特征，能较为直接地表现商品信息。图形语言形象单纯、便于记忆，在传达上比文字语言更为直接、明晰，且不受语言障碍的影响，具有无国界性等特征。图形语言可以通过视觉上的吸引力，突破语言、文化、地域等方面的限制。虽然图形所引起的注意力仅占视觉的注意力的 20% 左右，但随着消费者与商品之间可视距离的缩短，图形吸引视觉的注意力的作用会陡然上升。合理有趣、逼真诱人的图形设计能激发消费者进一步阅读的兴趣，直接引发消费者的购买欲望，所以，良好的图形设计对于包装设计的成功有着重要作用。

　　插图、摄像、图示、符号与人物等元素能组合成众多不同风格的设计，为包装创造丰富的视觉表现，产生多样的视觉刺激。除此之外，不同于图形给人的感官体验，像味道、温度等也可以成为包装设计的视觉表现。

图形的特点：图形语言具有直观性、丰富性和生动性的特征，能较为直接地表现商品信息。图形语言形象单纯、便于记忆，在传达上比文字语言更为直接、明晰，且不受语言障碍的影响，具有无国界性等特征。

传达品牌特征与特定产品属性的图形必须具有直接性与合适性。食品包装所表现的食欲、生活形式的含义、情绪的联想及产品使用说明皆是图形阐释包装设计的形式。

3.1 产品包装中图形的分类与特性

每件包装上都有多种类别的图形。尽管不同产品包装的重点不同，所表现的侧重点也各不相同，但大致可分为以下几类。

3.1.1 实物图形

1. 产品形象

产品形象：通过摄影或绘画等写实手法，针对产品的外形、材质、色彩和品质进行真实的传达，并经过一定的美化处理，精确或较为精确地表现产品形象；也可以通过特写的手法，对商品的个性特征或局部进行放大、深入地描绘展示，使消费者可以明确地得知产品的外形样式、内部结构、色彩类型、产品特征等直观信息，帮助消费者迅速做出购买决定。尤其在一些食品、日用品、小电器的包装中，设计师常采用此类图形。产品形象的表现也成为产品包装视觉表现中运用频率最高的方法。

飞利浦照明产品特色包装设计如图 3-1 所示。设计师通过摄影写实手法对白炽灯泡等照明产品进行放大、美化处理，传达给消费者精确的产品形象，使消费者能够明确地知晓这些产品的样式、用途等直观信息，从而起到了广告宣传的作用。

◎ 图 3-1　飞利浦照明产品特色包装

2．原材料图形

有些产品本身的实物形象难以直接地表现出来，而这些产品又是高品质、与众不同的（如鸡精、食用油）。对此，设计师可以从产品原材料的图形入手，将产品的原材料展现在包装盒上，这样有利于消费者了解该产品的特色和品质，从而更好地引起消费者的购买欲望。而对于果汁等饮料类产品，设计师可以用美好的水果形象诠释果汁的质量，从而引发消费者对产品的联想，并产生好感，进而促进消费。

Sweet Earth 天然休闲食品找到了一款适合彰显自己天然成分的包装设计方案，如图 3-2 所示。这种简便且富有营养的素食可以在天然性及创新性之间找到与消费者联系的纽带，从而创造性地与消费者展开互动。

象征性图形介于具象形
与抽象形之间，既能传递一
定的具象信息，又能使形
式、语言超越具象形与抽象
形的意境。

◎ 图 3-2　Sweet　Earth 天然休闲食品包装

3.1.2　象征性图形

象征性图形：运用与产品内容相关的图形，通过比喻、借喻、象征等表现手法传达产品的概念。象征性图形介于具象形与抽象形之间，既能传递一定的具象信息，又能使形式、语言超越具象形与抽象形的意境。在包装设计中，象征性图形被广泛应用，其表达特色使得图形语言更加耐人寻味。

白云给人的感受就是"轻"和"轻松自由"。轻乳茶包装（见图 3-3）以白云符号为主题进行展示，渐变的色彩替代常规的色块，强化了整体的清新感与轻松感，而排版设计保留的"呼吸空间"使整体视觉效果更加轻松、舒适与"通畅"，从而让整体的包装设计与产品的特殊膳食属性更契合。

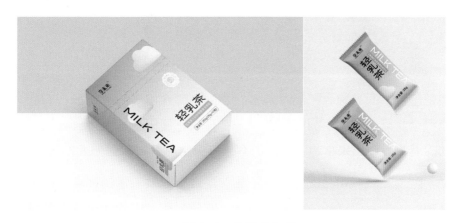

◎ 图 3-3　轻乳茶包装

3.1.3　标识图形

标识，也称标志，是大众传播中表明特征的记号、符号。它不是一般的图形，而是经过设计的、具有一定意义的、特殊的图形符号，以象征性的语言和特定的造型、图形来传达信息，表达特定事物的含义。标识包括的范围广、涉及面宽，在现代应用设计中占据着重要的位置。由于标识是信誉和质量的体现，所以在产品包装设计中显得尤为重要。标识成为设计中必不可少的视觉元素，而且标识本身也属无形资产，具有一定的价值。在产品包装设计中，标识图形一般分为企业标识和品牌标识，以及其他标识。

1. 企业标识和品牌标识

企业标识代表企业形象，是企业（公司、厂商）、产品或服务等使用的具有商业行为的特殊标志。它具有识别功能，可通过注册而得到保护。它利用视觉识别符号的象征功能，以其简单易懂、易识别的特性来传达企业的信息，通过符号体现企业个性，传播企业文化。有

企业标识作为一种视觉识别符号，具有简洁、单纯、准确、易认、易解、易记、易欣赏等艺术特征。在产品包装设计中，有时会出现企业标识和品牌标识并存的现象，在这种情况下，要注意两者相互衬托、相互呼应，避免图形上的混乱。

些企业旗下的品牌、产品种类多，不同品牌使用不同的商标；有些企业将企业标识和产品商标综合为一个形象，便于形象宣传。在认牌购物的消费心理越来越趋向成熟的今天，突出品牌形象显得尤为重要。

以企业标识和品牌标识为主题图形进行包装设计的产品，通常其品牌已经得到市场认可，人们对产品的质量和性能的认知可以通过品牌的固有印象获得，而其他产品一般不采用此种方法。企业标识作为一种视觉识别符号，具有简洁、单纯、准确、易认、易解、易记、易欣赏等艺术特征。在产品包装设计中，有时会出现企业标识和品牌标识并存的现象，在这种情况下，要注意两者相互衬托、相互呼应，避免图形上的混乱。

某海产品品牌在烟熏三文鱼的制作上将德国烟熏工艺与葡萄牙处理方式相结合。在包装设计方面，设计师以鱼的插画直接呈现产品，同时用一个巧妙的连笔勾画于尖端，暗示了悬挂熏制的过程，而针对不同的产品又可替换成不同的鱼插画，使包装具有灵活的延展性，如图 3-4 所示。

◎ 图 3-4　烟熏三文鱼包装

2．其他标识

在产品包装设计中，设计师还会使用一些其他的标识。例如，质量认证标识包括强制性产品认证标志、绿色食品标志、国际绿色环保标志、中国著名品牌标志、纯羊毛标志、有机食品标志、无公害农产品标志、循环再生标志等。这些标识容易被人们读懂和记忆，但是在产品包装设计中一般放置于次要的位置，不宜喧宾夺主（见图 3-5）。

（a）绿色食品标志　　　　　　（b）中国著名品牌标志

◎ 图 3-5　产品包装设计中的其他标识

3.1.4　装饰图形

包装设计中还会运用到各种各样的装饰图形，包括具象图形、半具象图形、抽象图形。

1．具象图形

具象图形是对自然物、人造物形象用写实、描绘、感悟性手法表现的图形，比较客观真实，容易被消费者接受，具有良好的说服力。

几何图形：由直线、折线、曲线所构成的图形，通过点、线、面等造型元素，运用最基本的设计语言，创造具有个性的秩序感，兼具符号和图形的双重特点。

2. 半具象图形

半具象图形是将具象的素材通过变形、夸张的手法使图形更加单纯、简洁，兼具具象图形和抽象图形的特征。它比具象图形更具有现代时尚感，比抽象图形更容易让人辨认、了解，更具有准确性、趣味性和吸引力，尤其是漫画、卡通形式的图形。

深受广大青少年的喜爱和青睐的极具亲和力、生动活泼、造型简洁的卡通造型在包装上的运用已经成为一种潮流和趋势。卡通形象正由原来的儿童商品包装设计领域逐渐朝着成人化、大众化的方向发展。

3. 抽象图形

抽象图形是指从自然物象中提炼出其本质，形成脱离自然痕迹的图形。抽象图形表现自由、形式多样、时代感强，能为消费者创造更大的想象空间。

抽象图形主要包括几何图形、有机图形、计算机绘制图形。

（1）几何图形。

几何图形是由直线、折线、曲线所构成的图形，通过点、线、面等造型元素，运用最基本的设计语言，创造具有个性的秩序感，兼具符号和图形的双重特点。辅以色彩，几何图形可以表达多种性格和内涵，具有较强烈的冲击力。

某品牌的折纸包装如图 3-6 所示。该折纸包装采用极简黑白配色，日语版 Logo 设计以扁平化的手法将几何图形组合呈现折纸图案设计，进一步体现了产品特性的设计理念。

有机图形：运用自然界天然的、取之不尽的元素、纹理，用自然曲线的方式构成图形，带给消费者不同的视觉感受和联想，突出产品的特性和品位。

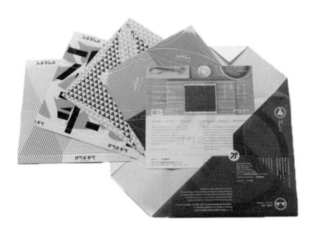

◎ 图 3-6　折纸包装

（2）有机图形。

　　自然界有着无数的物质与现象，这些物质和现象的形体、状态、不同的材质等都是设计师创作的源泉。有机图形就是运用自然界天然的、取之不尽的元素、纹理，用自然曲线的方式构成图形，带给消费者不同的视觉感受和联想，突出产品的特性和品位。某品牌巧克力的圣诞主题包装设计如图 3-7 所示。设计师通过手绘的方式，将礼物、松果嫁接在动物的头上。这种设计思想非常独特，将两个完全不同种类的物品结合在一起，在违和感中又有一种不同寻常的幽默感。

◎ 图 3-7　巧克力的圣诞主题包装

（3）计算机绘制图形。

现代包装设计离不开计算机的辅助，图形设计软件给人们打开了一扇门——计算机给人们提供变化莫测的抽象图形，为包装设计提供了丰富的素材。人类具有的图形心理使人们处理图形语言和处理文字语言一样，具有自我完善和归纳的视觉直觉系统。一号稻场大米包装如图 3-8 所示。Logo 采用书法体设计，被复刻在包装上并以鎏金色

◎ 图 3-8　一号稻场大米包装

呈现，与左侧的产品介绍相结合，突出了产品的文化内涵。包装以高级黑为背景，四款插画分别加入梅花鹿、丹顶鹤等，色彩斑斓的画面填充结合自然生物的元素设计，色调融合的包装更显精致与灵气。

在产品包装设计中，将抽象图形作为主要表现形象时，其概念与诉求通常与所包装的产品相关联，而且具有强烈的暗示性——使消费者通过包装上抽象的图形而联想到包装内物品的优良品质与丰富内涵。抽象的美可以给消费者更大的思维空间来自由发挥艺术想象。

以上三类图形具有较强的装饰性，能体现产品的现代感，传播一

产品使用示意图不仅能突出产品的特色，而且能给消费者带来使用上的便捷。

定的时尚信息；能体现产品的传统文化性、悠久的历史性及地域特色；能满足各个年龄段的消费者的需求。在日常生活中，设计师要善于发现，善于思考，寻找灵感，在产品包装设计中创造新的意念和视觉图形语言。

3.1.5 产品使用示意图

为了使初次使用该产品的消费者准确、便捷地使用，设计师可在包装的装潢设计中展示产品的使用方法与程序。一些产品的展示还需要通过使用状态来表现，使用者或使用环境都以真实或模拟的样式出现，如工具的使用、产品的开启等。这样不仅能突出产品的特色，而且能给消费者带来使用上的便捷。示意图的位置安排在包装盒的背面或侧面，图形要简练、明快，使人一目了然。

某专门做寿司和鱼生 DIY 套装的品牌的包装设计的诉求是通过设计简化寿司的制作过程，并在包装上清楚地展示简单易行的 DIY 方法，让消费者感受 DIY 的快乐，如图 3-9 所示。

◎ 图 3-9　寿司和鱼生 DIY 套装包装

条形码：是一种为产、供、销的信息交换所提供的国际语言，也是行业间的管理、销售及计算机应用中的一个快速识别系统。

3.1.6　消费者形象图形

在这个产品细分很彻底的时代，产品都有特定的消费群体。在产品包装设计中，直接运用消费对象的图形来做包装的主要图形可以让消费者产生共鸣，也可以让消费者在商场的货架上一眼就发现自己需要的产品。例如，儿童奶粉包装主展示面上天真、活泼、可爱的婴儿形象，中老年保健品包装上的中老年人物形象，都能引起相应消费者的注意，从而使其减少购买时间。

某品牌纸尿裤包装印有宝宝不同生长阶段的写真照片，每款纸尿裤的型号都暗示着宝宝的生长阶段，如图 3-10 所示。

◎ 图 3-10　不同生长阶段的宝宝纸尿裤包装设计

3.1.7　条形码

条形码是一组由宽度不同的平行线按特定格式组合起来的特殊符号。它是国际物品编码协会为现代商品设计的一套编码系统，它可以代表世界各地的生产制造商、出口商、批发商、零售商等文字数字信息。一种商品对应一个条形码。它是一种为产、供、销的信息交换所提供的国际语言，也是行业间的管理、销售及计算机应用中的一个快速识别系统。现代商品离不开条形码，所以条形码也成为产品包装设计中不可缺少的图形。条形码一般被放置在包装背展示面或侧展示面，以便于光电扫描器阅读，同时不影响主展示面的信息展示。条形码的标准尺寸是 37.29mm×26.26mm，放大倍率是 0.8～2.0 倍。若印刷面积允许，应选择 1.0 倍率以上的条形码，以满足识读要求。放大倍率越低的条形码的印刷精度要求越高，因为若印刷精度不能满足要求，则易造成条形码识读困难。

通常，在留白空间上面印制条形码，如有特殊情况，须严格控制色彩的搭配（见图 3-11）。

1 **合格的搭配**
白底黑条、白底蓝条、橙底蓝条、橙底绿条、橙底黑条、橙底深棕条、白底绿条、白底深棕条、黄底蓝条、黄底黑条、黄底绿条、黄底深棕条、红底黑条、红底绿条、红底蓝条、红底深棕条

2 **不合格的搭配**
白底黄条、白底橙条、绿底红条、暗绿底蓝条、白底红条、白底浅棕条、蓝底红条、浅棕底红条、绿底黑条、暗绿底黑条、白底金条、金底黑条、蓝底黑条、深棕底黑条、金底橙条、金底红条

◎ 图 3-11 条形码色彩搭配的对比

条形码实行自动识别机制，数据输入速度快、经济方便、制作容易。尽管世界各国政治、经济体系不同，语言、科技、文化也不同，但国际物品编码协会为世界各国提供了唯一、清晰、简便的编码体系和标识方法，提供了标准化的、国际通用的统一标识。

每种商品都有唯一的条形码，那么，条形码能玩出什么花样呢？如图 3-12（a）所示，条形码被设计成一头奶牛的身体，再配一个头，让人立马联想到奶制品；如图 3-12（b）所示，商品的条形码呈垃圾桶的形状，旁边一个人往里面丢纸屑，意在提醒人们注意绿色环保；如图 3-12（c）所示，条形码延伸出海浪，一个人在迎接着海潮冲浪；

如图 3-12（d）所示，条形码被设计成了具有未来感的眼镜，戴着大耳环的女士透过眼镜看着外界，而不同包装的表情也不同。

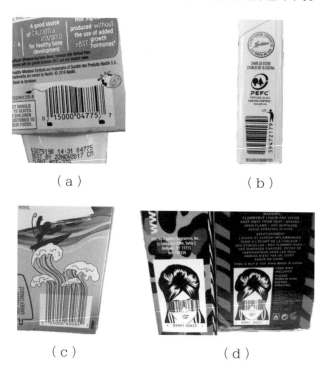

（a）　　　　　　　　　　　　（b）

（c）　　　　　　　　　　　　（d）

◎ 图 3-12　玩出花样的条形码

3.1.8　标贴与吊牌

标贴是包装设计中一种标明牌号、品名、出产者，并用以装潢处理的平面单元，除在包装上广泛应用外，在一些包装盒上也有应用。例如，在酒瓶、饮料、化妆用品、医疗用品、文教用品等包装上都有大量应用。

标贴类型可以分为三种：盖贴、瓶贴和封口贴。在设计上，设计师可运用图形、色彩、文字加以部位、数量、外形的变化，而部位、数量、外形应结合容器造型的特点变化。一般外形不宜复杂，以免加工不便（见图 3-13 ）。

◎ 图 3-13　标贴

　　经过吊挂式处理的标贴称为吊牌（见图 3-14 ）。服装吊牌虽小，却是服装本身联结消费者的一个纽带。它是现代服装文化的必然产物，对提高和保护服装企业的声誉、推销产品都有着积极的作用。从质地上看，吊牌的制作材料大多为纸质材料的，也有塑料的、金属的，近年还出现了用全息防伪材料制成的新型吊牌。从造型上看，吊牌更是多种多样的，有长条形的、对折形的、圆形的、三角形的、插袋式的，以及其他特殊造型的。服装吊牌的设计、印刷、制作必须十分讲究。在平面设计中，吊牌要有成分说明和洗涤指导，特别是洗涤指导，不要过于简单。对于复杂的说明指导，可以使用图例形式，也可以使用卡通形象的肢体语言来表达，这样能生动地传达信息。

◎ 图 3-14　包装上的吊牌

随着服装市场的日益繁荣，竞争也势必更加激烈，品牌和名牌厂

摄影的特点：

　　摄影图像可以直观、准确地传达产品信息，真实地反映产品的结构、造型、材料和品质，也可以对产品在消费使用过程中的情景进行真实的再现，宣传产品的特征，突出产品的形象，激发消费者的购买欲望。

商有时会在吊牌上印上鸣谢、祝愿的话语，给人以亲切感；也有配上简约又优雅的诗歌的，以打动消费者的心。除此之外，针对季节、消费对象、产品特点将吊牌设计成年历、书签、贺卡等令消费者喜爱、珍视、欣赏的收藏物，可成为持久的广告。

3.2　产品包装中图形的表现手法

　　产品包装中图形的表现手法多种多样，依靠不同的工具能产生不同的视觉语言，设计师则可针对不同的产品选择相应的表现手法。摄影、插画设计等艺术手法可以再现产品形象，是包装设计中常用的表现手法。

3.2.1　摄影

　　摄影作为一门独立的艺术，有其自身的技术性和艺术性，摄影图像可以直观、准确地传达产品信息，真实地反映产品的结构、造型、材料和品质，也可以对产品在消费使用过程中的情景进行真实的再现、宣传产品的特征、突出产品的形象，激发消费者的购买欲望。在产品包装设计中，摄影是运用最多、最广、最直接的表现手法。

　　俏皮可爱的尿片和尿裤包装如图 3-15 所示，该款包装设计的挑战来自设计师竭尽全力想要打破消费者对尿布包装形象的惯性思维。为了打破陈规陋习，重塑清新、美好的消费体验，该公司推出了一系列经典款式及颜色搭配的产品包装设计。设计师使用儿童生活照片形象来强调俏皮可爱的一面，这也是吸引家长消费的一个突破口。

◎ 图 3-15　俏皮可爱的尿片和尿裤包装

3.2.2　插画设计

一直以来，插画设计都是一个有争议的概念，直到近几年才被艺术界和设计产业开始真正接纳，其经过顽强发展，终于被归入一个绘画门类。事实上，插画一直伴随着人类的发展而发展。在摄影艺术诞生之前，插画有着不可替代的作用。由于图像的传达性和图形与文字的连带关系，现代插画逐渐向商业运作上转移——融入时代风尚，时不时被摆放在商场的货架上、杂志架上、书架上、T 恤衫上，提醒着人们插画存在的重要性，同时逐步形成了商业插画的新理念。包装设计中的商业插画比较多地使用夸张、理想化和多变的视觉表现方法，强调针对商品个性特征的表述，手法多种多样，涵盖了大多数的绘画方法。

1. 素描画法

素描画法：用铅笔、钢笔、炭笔等进行单色描绘，图形表现简洁、单纯、朴实，具有较强的艺术感染力，形式清新淡雅。

2. 水彩画法

Mirage Arabica 咖啡包装如图 3-16 所示，该包装用水彩绘画技法展现出咖啡豆的产地独特、壮美的自然风光，隐喻咖啡独一无二的高品质口感。

◎ 图 3-16　Mirage Arabica 咖啡包装

3. 水粉、丙烯画法

水粉色是常用的绘画色彩，有较强的塑造力和表现力，通常用于表现风景、人物等。丙烯是一种水调剂颜料，防水性强，使用方便，塑造力强，可以使作品呈现水彩或油画的效果，因其运用起来更方便，所以受到很多设计师的喜爱。

4. 蜡笔、彩色铅笔、色粉笔画法

蜡笔、彩色铅笔、色粉笔都属于硬笔类。在使用它们时，设计师可以像素描一样精心细致地描绘。蜡笔的笔触粗犷、活泼、自由，设计师会利用其与水不相溶的特点绘制绚丽的色彩效果；若用其表现具有童趣的题材，则画面会更显生动、可爱。彩色铅笔给人以年轻、天真烂漫的感觉，用来表现青少年、女性的产品会有不错的效果。其中，水溶性彩色铅笔有水彩的效果，是硬笔和毛笔的完美结合。色粉笔也是一种极具表现力的工具，适合表现如家用电器等产品的效果图，可用以处理物体的背景及肌理。

5. 马克笔画法

马克笔可以快速、准确地表现产品形象，线条生动、洒脱、轻松自如。

6. 版画法

版画法：利用雕刻刀在木板或胶版上刻画，然后涂以油墨印在纸张上，风格粗犷、奔放，有很强的肌理感。若运用这种手法来表现具有悠久历史的产品，则可使包装更具有传统性和可靠性。

随着科学技术的不断发展，利用计算机软件进行绘画的技术越来越成熟——通过对各种绘画工具特点的模仿，几乎可以达到乱真的效果。计算机绘画的发展为现代产品包装设计提供了新的图形语言和创意空间。

周黑鸭 2020 年的包装设计源于周黑鸭的品牌口号"会娱乐，更快乐"，如图 3-17 所示。为了迎合年轻消费者的口味，设计师特意选取了与这个年龄层相吻合的元素，用周黑鸭品牌的美食将每个不同风格的人拼凑在一起，在人物的风格刻画上更加多元化，也更具趣味性。

◎ 图 3-17　周黑鸭 2020 年的包装

3.2.3　传统文化元素

1．中国画元素

中国画历史悠久，题材丰富，内涵深邃。设计师将传统的、感性的水墨画技法与理性的现代造型设计原理相结合，从画的结构中抽离出对设计有用的因素，赋予其新的语汇，构成新的视觉效果，创造神奇、空灵的意境，设计出既符合现代包装设计要求，又具有亲和力和审美性的视觉传达设计。

荷韵谷香大米包装如图 3-18 所示，亮眼的荷叶绿配色容易引起消费者的注意，而以水彩渲染的手法呈现的夏天荷叶、荷花争奇斗艳的灵动场景，直观地展现了产品的主题概念，赋予包装浓厚的韵味。

◎ 图 3-18　荷韵谷香大米包装

2．书法图形

"兔个苹安"新年苹果礼盒设计如图 3-19 所示。该包装巧妙地将"2023"设计成趣味兔子形象，将洛川苹果与祝福语"兔（图）个苹（平）安"有趣结合——是一种独具中国特色的表达祝福和心意的创新方式。

◎ 图 3-19 "兔个苹安"新年苹果礼盒设计

3. 金石图形

金石图形是以金石印章为题材元素的现代设计图形，包括古文、篆体、隶书、行书、楷书等，题材有动物、植物、山水、人物等。北京 2008 年奥运会标志是金石图形运用的成功典范。金石图形不仅使传统艺术得到再生和延展，而且使现代设计充满中国的本土文化特色，并具有中华民族丰厚的艺术底蕴与文脉，深受国人的喜爱。金石图形作为一种新的题材元素，对丰富现代包装设计起着积极的推动作用。

三只松鼠新年坚果礼包如图 3-20 所示。该包装中的插画有新年时经典的鞭炮、舞狮、锦鲤元素，国潮风格的画风将传统设计与现代设计完美融合。

◎ 图 3-20 三只松鼠新年坚果礼包

4．民间艺术图形

民间艺术图形资源丰富，题材广泛，是广大劳动人民在长期劳动、生产、生活中形成的喜闻乐见的艺术形式。贴近普通民众的民间艺术图形淳朴、原始、浑厚，特别适合表现带有民族特色和地方特色的产品包装，以及喜庆产品的包装设计。

秋梨枇杷膏古风包装设计如图 3-21 所示。该包装上韵味十足的秋天气息以一抹秋梨黄奠定主基调；插画设计内容丰富，每一帧都充满故事性氛围：画面中的古人"站"在晶莹剔透的膏体上摘取秋梨，周围的猴子灵动、乖巧，更有同色调的枇杷与已剥皮的梨并列依靠，以溢满的梨汁精华渲染整个画面，插画设计巧妙生动。

◎ 图 3-21　秋梨枇杷膏古风包装设计

3.3　产品包装中图形的选择方法

3.3.1　联想

产品包装设计是一个有目的性的视觉创造计划和审美创造活动，是科学、经济和艺术有机结合的创造性活动，其造型结构、图、文、色要反映出产品的特性。

联想法：紧紧围绕产品，选用与产品功能、品牌、产地的历史文化相关的图形，在包装上直接表现产品、销售环境及其相关形象，给消费者以直接的视觉冲击和充分的想象空间，具有说服力。这种方法在食品包装设计中很常见，如橙子让人联想到酸甜的味道。

图 3-22 所示为瑞士的润喉糖公司利口乐的一个创意：润喉糖的包装纸上印有各种不同风格的歌手形象，扭曲的糖衣形象地展现出咽喉不适的难受模样，撕开糖纸就好像解开了绑住喉咙的枷锁，吃掉糖就可以舒爽通畅，想唱就唱。

◎ 图 3-22　瑞士的润喉糖包装

3.3.2　移位

运用移位法不用考虑产品与包装的直接关联性，而要重点突出其品牌形象，其构图和色彩运用不同于常规模式，讲究出奇、出新。这类包装设计建立在消费者对产品品牌的了解和信任的基础上，即消费者对产品的特质有充分的认识。运用移位法的产品包装简洁、品位高，有提升产品档次和身份的功能。选用移位法的产品通常拥有完善、成功的企业形象系统，品牌成熟，且拥有比较固定的消费群体。

儿童产品对于包装的艺术气氛的渲染有特定的要求，尤其在色彩和图形上应该满足孩子的心理需求。包装上可爱的涂鸦、优美的卡通图形能给孩子们极大的乐趣和可参与性，同时，设计师还可以融入科学、人文知识，使包装具有教育的作用。

3.3.3 抽象

有些产品无法用具体的图形、图像来描绘，设计师不仅需要融合产品的形象、色彩、功能，借助抽象的图形设计来展示产品形象，还需要注重形式美的表现，同时不失现代感。

水星家纺智能按摩枕头包装如图3-23所示。该包装采用年轻化、简约化的包装形式，以科技感、体验感作为设计出发点，搭配展示不同身体部位使用产品的不同抽象图，展示出产品的功能性。

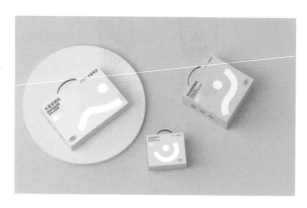

◎ 图3-23 水星家纺智能按摩枕头包装

3.3.4 童趣

儿童产品对于包装的艺术气氛的渲染有特定的要求，尤其在色彩和图形上应该满足孩子的心理需求。包装上可爱的涂鸦、优美的卡通图形能给孩子们极大的乐趣和可参与性，同时，设计师还可以融入科学、人文知识，使包装具有教育的作用。这样的包装一定会受到家长和孩子的欢迎。

　　甜食无疑是非常受孩子喜爱的。图3-24所示的一系列饼干的形状与其包装袋上的卡通人物的头型互通，简洁、可爱、生动。这样一来，孩子们看到包装就很容易联想到里面饼干的形态了。

◎ 图 3-24　饼干包装

第 4 章

包装的文字设计

在完成了对色彩、图形的阅读后，消费者如果希望对产品进行更深层次的、详细的了解，那么对文字的阅读就开始了。文字没有色彩和图形那么张扬，因此在包装设计中被消费者关注的顺序相对靠后。虽然整个包装的设计风格通常不以文字的形式特征来显现，但是文字传达产品信息的功能却必不可少（有些包装上甚至只有文字）。文字作为图形语言进行表现的例子也很多，如可口可乐的品牌字体、麦当劳的"M"字母形象，它们的品牌图形依靠字体形象来表现，在包装中构成了形象表现力的最主要成分。

4.1 产品包装中文字的 3 种类型

4.1.1 品牌文字

品牌文字代表产品形象，是包装平面设计中最主要的文字，包括品牌名称、产品品名、企业标识名称和企业名称，是具有形象记忆特征的标志性文字形象。因此，品牌文字应该是易于识别的、符合产品内在特点的、新颖的、有感染力的。品牌文字一般被安排在主展示面上和较醒目的位置，具有较强的视觉冲击力，能使消费者在较短的时

品牌文字：一般被安排在主展示面上和较醒目的位置，具有较强的视觉冲击力，能使消费者在较短的时间内产生好感，并给消费者留下深刻的印象，为购买打下基础。

说明文字是对产品的功能与使用内容的详细解释，是行业机构或国家有关机构对包装的具体规定，具有强制性。这部分文字可以帮助消费者进一步了解产品，增加对产品的信赖和使用的便利性。

间内产生好感，并给消费者留下深刻的印象，为购买打下基础。

泰盛集团旗下的纸巾品牌"竹态"的包装设计如图 4-1 所示，这个作品曾获过奖。在品牌字体的设计上，设计师利用竹林本身的穿插感，以"回字格"编织手法为参考，并结合竹子的形态经过变形，使"竹态"的字体具有均衡、对称、韵律等美感。

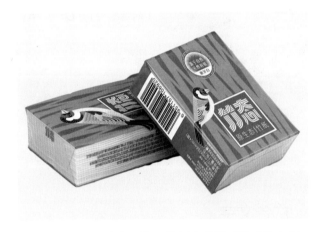

◎ 图 4-1　泰盛集团旗下的纸巾品牌"竹态"包装

4.1.2　说明文字

说明文字是对产品的功能与使用内容的详细解释，是行业机构或国家有关机构对包装的具体规定，具有强制性。这部分文字可以帮助消费者进一步了解产品，增加对产品的信赖和使用的便利性。说明文字的内容主要包括生产厂家、地址、电话、产品成分、型号、规格、重量、体积、用途、功效、生产日期、保质期、注意事项等信息。这类文字的重要特征体现为字体的可读性较强，其编排位置可以根据包装的形态与结构进行相对灵活的处理，但是一般不出现在主展示面上，通常被安排在包装的侧面或背面等次要位置上，或者印成专门的说明文字附于包装盒内。

东日本旅客铁道公司(JR 东日本）推出的零食系列包装如图 4-2 所示。包装正面为"产品信息"，背面的"目的地信息"就像地区宣传，而彩色包装可使旅途更愉快。

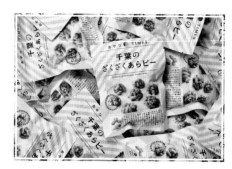

◎ 图 4-2　东日本旅客铁道公司(JR 东日本）推出的零食系列包装

4.1.3　广告文字

广告文字是在包装的外立面视觉设计中以宣传产品特色为目的的促销口号、广告语等推销性文字。简洁、生动的广告文字一般也被安排在主展示面上，但视觉冲击力不能超过品牌文字。在考虑字体的性格与产品的特征相互吻合的前提下，字体的设计相对于其他文字类型可以更为灵活、多样，因为具有个性鲜明的形式感与美感是广告文字的基本特征。

如图 4-3 所示为牛奶包装，这款牛奶包装的设计思想在于"0 负担"。现代人越来越注重身材与健康，因此在乳制品的选择上也更加挑剔。极简的设计风格、大大的"0"字，以及仅有的"0% fat free"文字标注都让人感觉这是一款"0 负担"的牛奶。在字体方面，设计师采用的是现代化的无衬线字体，字母 i 上面的一点被处理成红色，简单却不单调。

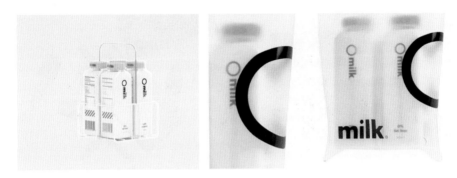

◎ 图 4-3　牛奶包装

4.2　产品包装中文字设计的 4 个原则

4.2.1　文字的识别性

文字虽然在视觉顺序上排在色彩和图形之后，但是对文字的阅读一旦开始，就会在消费者和产品之间建立起一条信息通道。文字为消费者打开了解产品之门，从而影响消费者的购买选择，因此，文字内容的易读、易认、易记就显得至关重要了，尤其是针对老年人和儿童设计的产品。在保证文字基本功能的前提下，可以对字体进行适宜的美化，但切忌主次不分。主题文字应该被安排在最佳视域区，字体放大；说明性文字的位置、大小、色彩、形状都应小于 / 弱于主题文字；字体的设计、选择、运用与搭配要从整体出发，有对比，有和谐，使消费者的视线能沿着自然、合理、通畅的流程进行阅读，从而达到最有效的视觉效果。

如图 4-4 所示为 NARS 新年限定包装，以紫色、红色搭配黑色进行协调，同时将 Logo 放大应用于产品上。相比一片红红火火的设计，这种色系的搭配更耐看，也更高级。

◎ 图 4-4　NARS 新年限定包装

4.2.2　文字与产品的统一性

文字与产品的统一就是人们常说的形式与内容的统一，字体是形式，内容是产品。产品的品牌、使用人群、包装的造型、色彩的不同使产品具有不同的性格特征，而为了加强视觉形象的表现力，包装中的字体应该凸显产品的个性特征。越来越多的现代字体类型能表现产品不同的性格特征，给人以不同的视觉感受，从而满足产品属性的需求。

针对消费者，现代产品有较为详细的划分，有专门针对不同性别的，有专门针对老人和孩子的。文字能传递这些特殊的信息。例如，较细的曲线形字体适合表现女性产品，简洁、粗犷的直线形字体适合表现男性产品，具有童趣特征的夸张、卡通的字体适合表现儿童类产品，稳重、儒雅的字体适合表现老年产品。不同类别的产品也需用不同性格的字体传递产品的特点，如食品包装可以选用柔润的字体，工具包装可以选用硬度感较强的字体。

如图 4-5 所示为有机茶粉包装。纯白色的包装给人以舒适、自然的感觉，简单的字体排版传达出产品的特性，茶叶图案的点缀使得包装不会太过单调。该品牌名称在日语中意为平静与和平，这与简约的包装风格一致，宣扬了茶文化中的和平、和谐与幸福的概念；条带式的包装方便携带，从侧面反映出日式风格中追求的小巧精致。

 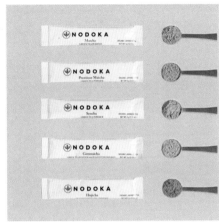

◎ 图 4-5　有机茶粉包装

4.2.3　文字间的协调性

在同一个包装中，通常会有多种内容需要用文字表达。因此，当不同形式和风格的字体同时出现在一个包装上时，如果不做好统一与协调的工作就会显得杂乱无章。汉字字体选用不宜过多，控制在 3 种以内为好，风格要有机统一，每种字体在数量上有变化，字体的大小要有所区分，形成对比，层次分明，重点突出。排版要具有条理性，做到无论什么内容都阅读有序，以展现强烈的整体感。

当汉字与西文配合应用时，应注意找出两种字体间的对应关系，如宋体与罗马体、黑体与无饰线体，以求得统一感；字体大小不能只

图形化的品牌文字具有独特、鲜明的个性和较强的视觉冲击力，从而引起消费者的阅读兴趣，加快被识别的速度，并容易形成记忆。

看字号，应根据实际视觉效果进行调整。

如图 4-6 所示为巧克力特色包装，设计师使用颜色来区分不同类型的巧克力。该包装色调单一，但文字的字体大小、字间的距离有别，层次丰富，重点突出，又不失整体性和协调性。

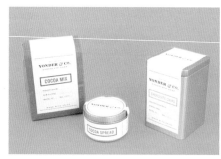

◎ 图 4-6　巧克力特色包装

4.2.4　品牌文字的创新性

同类产品的竞争是激烈的，在众多品牌中脱颖而出，引起消费者的关注是至关重要的。品牌名称是重要的文字信息，有创新思维的文字设计是吸引消费者的有力手段——通过图形化可以使包装的品牌文字具有独特、鲜明的个性和较强的视觉冲击力，从而引起消费者的阅读兴趣，加快被识别的速度，并容易使人形成记忆。相反，识别性低的字体设计会造成阅读障碍，影响销售，因此要尽量避免。

如图 4-7 所示为包装设计案例，为了凸显细腻的手工制作、环保的理念，其简洁、质朴的包装上用了手写细线条字，流畅而又挥洒，就好像它刚制作完被书写上去一样。这种随意书写的日文倒有一种中式草书的美感，在正规字体"统治"的包装设计里，它就像一股清流，在试图开辟新的路径。

◎ 图 4-7　包装设计案例

第 5 章

包装的版式设计

图形、色彩、文字等设计要素，经过不同的版式设计，可以产生完全不同的风格特点。依据设计主题的要求，这 3 个设计要素共同作用于整体形象。在进行包装的版式设计时，设计师需要遵循一定的原则，掌握一定的方法。

5.1 产品包装版式设计的 3 个原则

5.1.1 整体性原则

版式设计的目的是处理好包装表面各个要素之间的主次关系和秩序，使其具有整体性。这是包装设计的形式美感的基础，也是版式设计的基本任务。

在单个包装的版式设计中，首先要考虑主次关系和秩序的协调。主展示面是表现主体形象的地方，可以包含品牌名称、标准图形、宣传语，因此说明性文字要被安排在其他展示面上。主展示面除要能够突出主体形象外，还要考虑主次面中各设计要素之间的对比。如果主展示面上的信息、图形需要在次展示面上重复出现，那么次展示面上的这些要素的形象均不可大于主展示面上的形象，以免破坏整体的统一性。秩序是对各设计要素所占位置的协调，使各设计要素产生有机的联系，从而更好地体现主次设计的一体化，产生统一的形式美感。

系列包装的整体性体现在包装个体之间的关联上。虽然同一个系列包装中的设计区域和材料不同，但设计师应主动寻找各设计元素之间的排列特点和表现手法，并找出需要突出的共性信息，进行统一表现，形成关联，在不破坏个体造型自身的完整性的前提下，系列包装的各个个体形成整体、一致的效果。

系列包装的设计方法如图 5-1 所示。

1	系列包装中色彩的纯度或明度不变，色相改变
2	品牌文字和品牌图形的位置、大小、色彩不变，装饰图形的位置和大小不变、内容改变
3	字体的选用风格一致；排列秩序、样式、装饰手法不变

◎ 图 5-1 系列包装的设计方法

这样通过局部形象的变化，形成具有强关联的、统一又变化的、规范化的包装设计形式，从而提高产品形象的视觉冲击力和记忆力，强化视觉识别效果。

包装的整体性也可以通过图形的连贯性产生，主展示面与次展示面或部分展示面的图形是连续的，也叫跨面设计。这样，几个个体的包装在产品陈列中并置展示时能加大展示的宣传力度，增强视觉冲击力，产生意想不到的效果，同时具有很强的整体性。当然，跨面设计不仅要考虑多个面的组合效果，还要考虑每个面的相对独立性。

设计师为某品牌做的一款冰激凌的包装设计如图 5-2 所示。设计师用了 6 种不同图案的包装纸（三角形、条形、圆点及 6 种颜色），代表 6 种不同的口味，环保而又清新、简约。

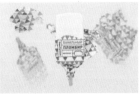

◎ 图 5-2　冰激凌包装设计

5.1.2　差异性原则

一般通过改变造型和对设计元素的编排突破来完成差异性。包装本身独特的造型给包装设计的差异性提供了土壤，造型的改变赋予包装与众不同的编排区域，如不规则的立面、阅读元素的跨面等形成了别致、具有个性结构风格的样式。设计元素的编排突破通常需要广泛的素材积累，对民间的、民族的、传统的、时尚的等各种设计风格兼容并蓄、融会贯通，做到综合、创新地利用，并与同类产品形成一定的差异。

如图 5-3 所示为卡姿兰多金礼盒包装，其特色在于特殊的象征装饰花纹既有象征主义绘画内容上的哲理性，又有中国元素作为背景，具有浓厚的装饰趣味性。该包装属于形式主义的设计风格，设计师注重空间的比例分割和线的表现力，如非对称的构图、装饰图案化的造型、重彩与线描的风格、金碧辉煌的基调都属于该包装的鲜明特征。

◎ 图 5-3　卡姿兰多金礼盒包装

5.1.3　有序性原则

按照有序性原则进行编排可对消费者的阅读起到引导的作用——给消费者提供合理的阅读次序。在包装设计中，各设计元素的面积、色彩对比度不能完全一样，品牌文字、说明文字、广告文字应有大小、形状等方面的区别，要根据实际需求进行区别化处理，这样才能符合"大统一，小对比"的基本要求，因为消费者总是从醒目的图形和较大的文字开始阅读，形成先大后小，先醒目后一般，从上到下、从左到右的阅读流程。例如，大小、面积、色彩、形状及内容的区别使用使包装设计的有序性得以完美体现。

美国邮政服务自 17 世纪以来存在至今，其优先邮件和优先邮件快递（特快专递）的推出，将会有更好的跟踪服务。免费保险、指定交货日期等文字内容的有序编排及简洁明了的色彩搭配给消费者带来了全新的视觉感受，如图 5-4 所示。

◎ 图 5-4　美国邮政优先邮件包装

5.2 产品包装设计元素的编排

5.2.1 图形与文字的编排

在产品的包装设计中，图形与文字并置共存，它们的关系就像舌头和牙齿：若协调好了，便相安无事，还共同受益；一旦协调不好，就会"打上一架"。对图形与文字的编排，不能笼统地把图形一方或文字一方定为居于主要位置的一方，要先根据实际需要来分主次，然后决定怎样突出主要的方面、减弱次要的内容，避免给人造成视觉混乱。在通常情况下，图形的视觉冲击力较强，容易吸引消费者，尤其是大的图形，所以图形在很多情况下都会居于主要位置，但这并不表示文字不能居于主要位置。文字也可以成为主要的表现对象，只是要先扩大文字的面积，缩小图形的面积，因为面积比决定了画面的视觉效果；然后要削弱色彩对比度，使图形向后退，从而突出文字，若能同时加大文字色彩的对比度，则效果更佳。文字与图形的关系可以不断地变化，图文排列形式多种多样，产品属性不同，画面要求就不同，设计师应根据经验采用不同的应对方法，以达到最佳的视觉传达效果。

杰宁一次性口罩包装如图 5-5 所示。这款包装较为清新、简约，渐变层次的设计丰富了包装内容；口罩的立体设计突出明了；封面的文字标记采用了不同的颜色，重点分明，可使消费者一目了然。不可忽略的还有包装背面的 IP 元素：天真烂漫的小女孩形象，将其加入口罩包装设计中会使产品更易亲近消费者，各处细节均能体现设计者细腻的心思。

为了更好地突出设计理念，在进行包装设计时，一定要在画面中留下适当的空间，即使在阅读时间非常紧张的情况下，也要给消费者创造较为休闲的阅读环境。

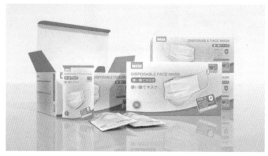

◎ 图 5-5　杰宁一次性口罩包装

5.2.2　空间

中国书法和绘画讲究"留白"（"留白"即给画面空出一定的空间），使画面更灵动，给受众预留了遐想的余地。现代设计中的"少即多"的思想与其契合。图形、文字与空间是一种实与虚的对比关系，图形和文字是实，空间是虚，它们相辅相成，既相互对比又相互衬托，共同营造包装的设计风格。心理学实验证明，当画面中空白占 60% 时，受众的视线更集中，阅读效果更好。鉴于此，为了更好地突出设计理念，在进行包装设计时，一定要在画面中留下适当的空间，即使在阅读时间非常紧张的情况下，也要给消费者创造较为休闲的阅读环境。现代社会的生活节奏很快，消费者大多追求简约的设计风格，因此给设计画面留出空间也成为时代和社会的需求。

OLAY 新年礼盒包装如图 5-6 所示。该包装的色调以红色为主，用白色进行中和，代表春节元素的烟花也被应用在包装上。

◎ 图 5-6　OLAY 新年礼盒包装

5.2.3　包装层面

市场上很多产品都具有内外多层包装，两层包装最为多见，如化妆品、食品、日用品、酒、药品等，一般有塑料瓶、塑料袋、纸袋、玻璃瓶和长方体的纸质外盒；如果是礼品包装，包装层次更多、更复杂，有的包装可能多达 4 层。在进行多层包装的设计时，设计师要面对不同造型、尺寸的设计区域，兼顾不同材质工艺处理方面的特性，因此视觉统一主要通过统一编排格式、统一设计元素的使用及协调不同材质的配合关系来实现。

如图 5-7 所示，这款不错的包装可以让品牌不失优雅，并且巧妙地将勤于动手的理念灌注在产品的设计当中。这个使用胡桃木、榉木和杨木制作的黑板擦暗藏放置粉笔的仓位空间，精致的外观设计使其可以被当作玩具一样传承下去。

◎ 图 5-7　创意黑板擦礼品包装

综上所述，产品包装设计中的各个元素都要从信息表现、信息传

焦点式：一种比较常用并且实用的样式，将产品或能体现产品属性的图形作为主体，放在视觉中心，以产生强烈的视觉冲击。

达的角度进行恰当的编排，以促使消费者在购买产品时产生相应的视觉判断和购买欲望，这也是包装设计在产品竞争中的作用。

5.3　12 种常用的包装版式构图

12 种常用的包装版式构图如图 5-8 所示。

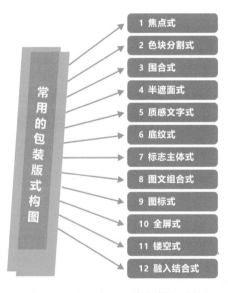

常用的包装版式构图

1 焦点式
2 色块分割式
3 围合式
4 半遮面式
5 质感文字式
6 底纹式
7 标志主体式
8 图文组合式
9 图标式
10 全屏式
11 镂空式
12 融入结合式

◎ 图 5-8　12 种常用的包装版式构图

5.3.1　焦点式

这是一种比较常用并且实用的样式，将产品或能体现产品属性的图形作为主体，放在视觉中心，以产生强烈的视觉冲击。

"29"是玉乃光酒造公司的一款料酒，由大米酿造而成。随着市场的逐渐饱和，玉乃光酒造公司希望开辟新的市场，在一次与消费者的沟通会后便有了"米烧酒，搭配肉"的概念。在日本，用酒烹饪时通常会使用啤酒或红酒，而几乎不会使用米烧酒。那么，烹饪肉的料酒就是一大突破口，并可将这种理念直接运用到产品的包装设计上。"29"采用的是日本传统清酒的简约包装风格，而手绘的肉块直接点明主题，如图5-9所示。除此之外，"2（ni）9（ku）"和"肉（niku）"的发音一样，便于联想记忆。

◎ 图5-9 "29"料酒包装

5.3.2 色块分割式

用大块的色块将画面分成好几部分，其中一部分色块作为主视觉设计，其余部分或填充产品信息，或添加设计元素，作为装饰，有利于延伸、拓展。

日本某品牌凉茶系列包装如图5-10所示。该包装采用上下均匀的色块分割设计，使得包装更具平衡美感，而生动的色彩组合使产品在用餐环境中更易展现。

◎ 图5-10 凉茶系列包装

5.3.3 围合式

围合式是指设计师为了突出包装上的主要文字信息，用众多图片元素把文字信息围绕起来的构图方式。这种做法能够使产品名称或标志突出，有种武侠片中男主被敌人重重包围的感觉。

三只松鼠苦荞面片包装如图 5-11 所示。为了突出展现零食的健康、无压力，设计师用古代人物跨时代的形象表现出包装的轻松、趣味的属性。抱着零食吃的《本草纲目》的作者李时珍体现了人物的"虚"，配上食物的"实"，这样反常的画面显得新奇又大胆。

◎ 图 5-11　三只松鼠苦荞面片包装

5.3.4 半遮面式

半遮面式：单个包装画面只展示主体图形的一部分，但组合起来又是一个新的图形，给人以很大的想象空间，可以突出精彩点。

设计师为 Aroma Lab 的圣诞手工蜡烛设计的包装如图 5-12 所示。该包装由铝罐与再生纸板构成，其上的漫画中戴着圣诞帽只睁开一只眼的小猪、圣诞老人和鹿只露出半张脸，好像在窥视着人们，给人以可爱俏皮之感。

◎ 图 5-12　Aroma Lab 圣诞手工蜡烛包装

5.3.5 质感文字式

质感文字式的设计内容由品牌 Logo、产品名称、卖点组成，由于没有图形，因此这种设计主要考验设计师的文字排版能力。很多设计师喜欢这种简约的设计。

自吸过滤式防霾口罩包装如图 5-13 所示。不同于插画元素设计，这款包装更多的是被赋予功能性描述，线条规划层次布局清晰，总体风格多了一分高级质感。内外包装均采用一样的设计布局，重点内容使用圆润的无衬线字体，放大加粗效果更显严谨气息。"套圈十字"的图标设计对应品牌 Logo，使包装也变得立体有序。

◎ 图 5-13　自吸过滤式防霾口罩包装

5.3.6 底纹式

底纹式：把画面的元素设计成底纹，布满整个版面，作为背景展示。很多个人护理产品的包装采用这种设计形式。

男性护肤品包装如图 5-14 所示。该系列包装的每一款配色都力求亮眼且大方、简洁，Logo 的字母采用单个分布方式排列，铺满整个封面，同时与周围不同特性的产品插画融为一体。

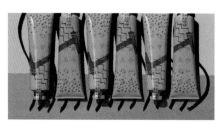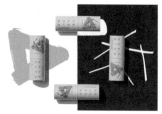

◎ 图 5-14　男性护肤品包装

5.3.7 标志主体式

标志主体式：将品牌 Logo 作为视觉核心，且没有过多的装饰。很多知名品牌都采用这样的做法来突出品牌 Logo，简洁、大气，若再加点特殊工艺，则更显高端、奢华。

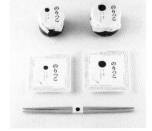

日本某品牌海藻产品包装如图 5-15 所示。该包装采用黑、白两色进行设计，罐装顶部包装采用特种纸材质突出 Logo，同时在四周以文字进行点缀，而色调的平衡分布使得包装更具美感。

◎ 图 5-15　海藻产品包装

5.3.8 图文组合式

这种构图方式比较灵活，主视觉不是由一个独立的主体构成的，而是由一些分散的元素、文字信息、图片元素等经设计排列后达到协调统一的。

日本特产包装如图 5-16 所示。我们可以从该包装上提取很多具有日本特色的内容及日本人常用的单词与句子。

◎ 图 5-16　日本特产包装

5.3.9 图标式

图标式：将包装上的图或文以徽章的形式加以突出，形成一种独立的视觉效果。这种构图形式多见于酒类、茶叶类等包装之上，因为自带一种高贵、品质之感，所以是很多设计师喜欢应用的一种构图形式（见图 5-17）。

◎ 图 5-17　图标式包装

5.3.10　全屏式

全屏式：与我们在计算机上看电影的全屏播放很相似，即画面部分几乎布满了整个版面。这种设计非常饱满，也很完整。

全屏式包装版式构图如图 5-18 所示。

◎ 图 5-18　全屏式包装版式构图

5.3.11　镂空式

为了让消费者看到包装盒里的产品，设计师会把包装盒的某个部分进行镂空设计，在设计时要注意画面元素和镂空部分内容的有效结合。

冰激凌趣味包装如图 5-19 所示。如果恐龙没有灭绝，而是被冰封了，冰融化后它会复活，你会来解封它吗？这个包装设计是不是很有趣？虽然吃的是冰，但暖的是人心。

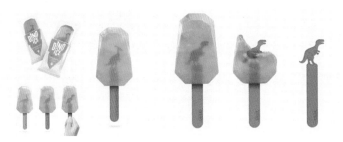

◎ 图 5-19　冰激凌趣味包装

5.3.12　融入结合式

融入结合式：把包装上的图文信息与包装结合在一起，达到图形合一的效果，最后组成一个新的东西（见图 5-20）。

◎ 图 5-20　融入结合式包装

5.4 12 种包装设计元素的提取方法

12 种包装设计元素的提取方法如图 5-21 所示。

1 以产品的主要成分为设计元素

2 从产品的原产地提炼设计元素

3 根据品牌调性提炼设计元素

4 根据产品的功效或用途提炼设计元素

5 以品牌的标志或辅助图形为设计元素

6 以品牌吉祥物为设计元素

7 以主要消费对象或与消费对象相关的要素为设计元素

8 直接以产品为设计元素

9 从产品的生产过程中提炼设计元素

10 以品牌或产品故事为设计元素

11 根据产品的属性提炼设计元素

12 以与产品直接相关的内容为设计元素

◎ 图 5-21　12 种包装设计元素的提取方法

5.4.1　以产品的主要成分为设计元素

以产品的主要成分为设计元素，可以让消费者一眼就看到该产品的原材料及产品类型。这种方法常见于食品、日化品的包装设计

（见图 5-22 ）。

◎ 图 5-22　以产品的主要成分为设计元素

5.4.2　从产品的原产地提炼设计元素

有一些地方以盛产某种
产品或产品原材料而闻名，当
原产地被当作产品的卖点之一
时，设计师在进行包装设计时
往往会借鉴。图 5-23 所示为
日本平面设计大师水野学的设
计，红日加富士山，想传达给
人们的是，这家店卖的是日本
土特产。

◎ 图 5-23　日本土特产包装

5.4.3　根据品牌调性提炼设计元素

品牌调性就是品牌给消费者的第一感觉，如文艺、小清新、复
古、阳刚、时尚、严肃、好玩等。

谷雨茶包装如图 5-24 所示。不同于以往的清新设计，该产品的外盒选择金属质地的包装，大气华贵，易于引起消费者的注意；包装封面布局对称规整，鹤含着花朵飞翔，意欲表达产品的制作原料；Logo 采用偏向古代字体的设计，黑色基调搭配鎏金包装，使得品牌风格更加鲜明而又不失古韵。

◎ 图 5-24　谷雨茶包装

5.4.4　根据产品的功效或用途提炼设计元素

对于那些有明显功效，又不为大家所熟知的产品来说，以产品的功效来设计包装是不错的选择，这样能够很快地让消费者了解这个产品有什么作用。日本某品牌的压力袜包装就采用了这种方法，如图 5-25 所示。

◎ 图 5-25　压力袜包装

5.4.5　以品牌的标志或辅助图形为设计元素

这种方法适合那些比较有知名度的品牌，或者 Logo 和辅助图形比较漂亮的品牌。这样的包装也更具品牌特色，有利于加深消费者对品牌的印象。

纵观医用酒精市场，其包装趋同且简陋，更重要的是，冷冰冰的外观容易给人带来雪上加霜的负面情绪。药物包装需要以专业的姿态说明功效，同时传递给人温暖。花红药业和平面设计大师潘虎携手打造的有温度的酒精包装设计（见图 5-26）：瓶体颜色为深海蓝，因"75% 小蓝瓶，100% 大爱心"，故亲切地将其命名为"小蓝瓶"；视觉焦点落在由爱心组成的红花上，呼应了爱心商家花红药业的品牌名；菱形格纹的应用带来桌布般的感受，拉近了与消费者的距离。

◎ 图 5-26　花红药业 75% 小蓝瓶酒精包装

5.4.6　以品牌吉祥物为设计元素

现在，越来越多的品牌会设计吉祥物，而对于那些吉祥物形象鲜明、广受大家喜爱的品牌，以吉祥物为主要的包装设计元素是不错的选择。

三只松鼠唠嗑装如图 5-27 所示。该包装外观是一个屋子的造型，主展示面是三只松鼠在嗑瓜子的画面。这种喜庆的包装深受国民喜欢。里面的零食包装五彩斑斓，每个品类有着不一样的颜色，中间的配图是各种松鼠的场景剧插画。

◎ 图 5-27　三只松鼠唠嗑装

5.4.7　以主要消费对象或与消费对象相关的要素为设计元素

女性产品的包装上经常有女人、花、蝴蝶、羽毛等元素，儿童产品一般会以动物、小孩等为包装设计的主要元素，宠物用品则以小动物为包装设计的主要元素。

啤酒包装如图 5-28 所示。该包装描绘了生活场景，用多种艳丽的颜色营造出正向、多姿多彩的生活氛围。

◎ 图 5-28　啤酒包装

5.4.8　直接以产品为设计元素

食品包装比较常用这种方法。这种方法适合于产品本身"颜值"比较高的食品类品牌，如饼干、零食、水果等包装，因为垂涎欲滴的食物图片是吸引"吃货"的最有力武器，但这种方法对摄影师和修图师的要求比较高。直接以产品为设计元素的包装如图5-29所示。

◎ 图5-29　直接以产品为设计元素的包装

5.4.9　从产品的生产过程中提炼设计元素

采用此种方法设计的包装容易给人一种专业、具有文化底蕴的感觉，一般会采用手绘或线描的形式来表现。

林家铺子冰糖蒸黄桃罐头如图5-30所示。该包装上的一个"蒸"字直截了当地体现了蒸食的产品特点——温润、健康。罐贴上的楷书"蒸"字的设计增加了包装的美感，底部的蒸笼元素生动地呈现出产品的制作工艺。

◎ 图5-30　林家铺子冰糖蒸黄桃罐头

5.4.10 以品牌或产品故事为设计元素

大部分品牌都有自己的品牌故事，很多产品也有关于自己的来历

或传说，这都是设计师设计包装的灵感来源。例如，月饼包装上常见的嫦娥、玉兔等设计元素。

"开花时间"是韩国有机护肤品牌。开花的时候是花一生中最美丽的时光。这个系列的包装（见图 5-31）将多种动物拟人化（它们都有着各自的性格与喜好），设计师通过有趣的动物插图表明这些产品是自然的和环保的。

◎ 图 5-31 "开花时间"护肤品包装

5.4.11 根据产品的属性提炼设计元素

药品包装经常会用到化学、生物之类的抽象元素；而电子产品的包装大多要求简洁、具有科技感，所以经常采用色块、光之类的元素（见图 5-32）；礼品盒包装要求比较喜庆，会经常用到蝴蝶结或丝带等（见图 5-33）。

◎ 图 5-32 智能手表包装　◎ 图 5-33 毛戈平故宫御香华露香水礼盒包装

5.4.12 以与产品直接相关的内容为设计元素

许多产品并不能很好地直接表现出来，反而与产品直接相关的一些内容能够更好地表现出来，而且当人们看到这些内容时立马可以想到这是什么产品，如看到茶具就知道是茶叶，看到奶牛就想到牛奶，看到泡泡就知道是洗护之类的产品（见图5-34）。

◎ 图5-34　以与产品直接相关的内容为设计元素

第6章

包装的结构与造型设计

在行业内有这样一个说法：包装结构设计赋予包装骨骼，是包装造型设计和包装平面设计的基础，使包装具有容装性、保护性、方便性等基本功能。广义上的包装结构设计包含材料结构、工艺结构和容器结构。包装结构设计的功能如图6-1所示。

◎ 图6-1 包装结构设计的功能

包装是承载产品的固体容物器具，现代包装主要分为纸容器与非纸容器两大类。包装在流通、储运和销售等环节为产品提供保护、信息传达、方便使用等服务。包装的结构和造型对产品的运输和销售影响很大，其结构性能将直接影响包装的强度、刚度和稳定性，进而影响其使用功能。

包装结构设计的对象是包装形体各个部分之间进行相互联系、相

包装结构设计赋予包装骨骼，是包装造型设计和包装平面设计的基础，使包装具有容装性、保护性、方便性等基本功能。

包装结构设计的对象是包装形体各个部分之间相互联系、相互作用的技术方式，主要考虑的是技术因素和人机因素。

互作用的技术方式，主要考虑的是技术因素和人机因素。这些技术方式不仅包括包装体各部分之间的关系（如包装瓶体与封闭物的啮合关系），还包括包装体与内包装物的作用关系、内包装与外包装的配合关系，进而以及包装系统与外界环境之间的关系。

包装结构设计与包装造型设计是相辅相成的，包装造型设计侧重艺术美感、陈列效果和心理效应，而包装结构设计更加侧重技术性、物理性的使用效应。包装结构伴随着新材料和新技术的进步而变化、发展，进而达到更加合理、适用和新颖的效果。

6.1　包装结构设计的内容

包装的结构设计包括造型、结构和尺寸三方面的内容。

6.1.1　造型

包装的造型即设计包装的立体外观形状，既要符合美学原则又要考虑包装工艺的影响。

受到开心果形状的启发，设计师干脆把外包装的造型设计成一颗巨大的开心果，打开包装盒就像剥开一颗开心果一样。该包装外壳以黑色和黄色为主色调，上面印有不同字体的文字，或横或竖，呈不规则分布，在不经意间流露出一种轻松休闲的气息，如图 6-2 所示。设计师的主要目的是通过形状来表现开心果的"脆"，借助打开包装这一动作让人联想到掰开开心果的场景，给人以美好的味觉暗示——一开即脆，愉悦享受。

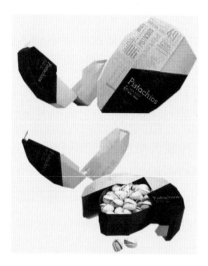

◎ 图 6-2　开心果包装

6.1.2　结构

包装容器的结构即包装的内部结构，包含容器壁厚设计、局部结构设计、结构设计计算等。其中，结构设计计算包含尺寸的设计计算、容量的设计计算，以及强度、刚度的设计计算。

6.1.3　尺寸

从便于运输的角度考虑，包装大都被设计成一种几何形体，而且以长方体居多。尺寸的设计对于包装的容器来说是很重要的，直接影响产品的安全性。由于容器的壁厚等原因，尺寸的设计计算有些复杂，涉及很多包装工程方面的知识。因此，这里探讨的容器尺寸是撇开壁厚的理论上的尺寸。

6.2　包装结构设计的 9 个原则

包装需要具备很多功能，不同的包装使用不同的材料，而不同的材料的成型工艺不同，涉及很多科技成分，也包含艺术审美，所以设计师必须遵循以下9个设计原则，以使包装结构达到最理想的效果（见图 6-3 ）。

1　要符合产品自身的性质

2　要考虑产品的形态与重量

3　要符合产品的用途

4　要符合产品的消费对象

5　要符合环境保护的要求

6　要符合储运的要求

7　要符合陈列展示的要求

8　要符合与企业整体形象统一的要求

9　要符合当前的加工工艺的要求

◎ 图 6-3　包装结构设计的 9 个原则

6.2.1　要符合产品自身的性质

对于易碎怕压的产品，应该采用抗压性能较好的包装材料及结构，可以再加上内衬垫结构，以确保产品的完整性。对于怕光的产品，须做避光处理。例如，胶卷类的包装需要密闭的结构和避光的材料，纸盒内的黑色塑料瓶的使用就是这个目的；再如，鲜鸡蛋的包装，盒体通常采用一次成型的再生纸浆窖器，抗压性好，可减少碰撞与挤压带来的损失。

如图 6-4 所示，这是一款简单又有趣的鸡蛋盒，使用廉价且易得的干草压制塑型而成，外面贴有颜色亮丽的标签纸，非常环保、有趣。简单、干净、自然，从干草盒子外观就能感受到里面食物的品质，这算得上是理想中的包装设计。

◎ 图 6-4　干草包装盒

6.2.2　要考虑产品的形态与重量

产品的形态以固体、液体、膏体为主，不同形态和体积的产品的重量不同，对包装结构底部的承受力的要求也会有所区别。液体产品通常采用玻璃容器，同时要注意包装底部的承受力，以防产品脱落，所以多采用别插式底和预粘式自动底。许多玻璃器皿、瓷器等还要添加隔板保护以避免相互碰撞。固体产品的包装结构要便于装填和取用，因此盒盖的设计非常重要，既要便于开启又要具有锁扣的功能，以免产品脱离包装。

如图 6-5 所示，这款茶叶包装让人看到就会产生想拿在手上试一试的冲动（因为人们会习惯性地将它当成饮料瓶子，而饮料瓶子就应该是被握在手里的）。包装的表层并没有亮点，之所以选择透明的瓶体，是为了更多地展现茶叶本身的美感，而瓶体的图案只是陪衬。这也是典型的以少见多的设计方式——让产品自己说话、让产品在你手中说话，其他一切从简。

◎ 图 6-5 茶叶包装

6.2.3 要符合产品的用途

不同的产品用途和消费群体对包装结构有不同的要求，设计师对这一点也要考虑周全。对于多次、长时间使用或食用的产品，不仅会在视觉上频繁刺激消费者，而且会多次开启、闭合包装，因此对其结构设计就更追求美观性、耐用性；对于一次使用或食用的产品，消费者会打开后继而弃之，因此在结构设计的要求上就相对宽松些；对于儿童用品的包装结构设计，设计师注重包装的造型，通常采用拟态的结构形式，以迎合儿童的消费心理；对于化妆品类的产品包装，女性化妆品的包装在造型上注重线条的柔和性，男性化妆品的包装则要庄重、大方。

如图 6-6 所示的包装附带一个二维码，通过这个二维码，客户能够扫描出产品的销售点、功能、保养说明，以及有关产品的其他信息。

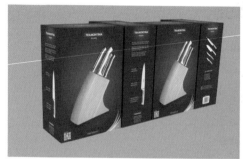

◎ 图 6-6　刀具包装

6.2.4　要符合产品的消费对象

不同的产品有着不同的消费群，即使同一个品类的产品也会有不同的消费对象，因而产品的装量也会有所不同，这就要求设计出与之相适应的包装造型和容量。例如，超市的冷冻鸡的销售对象多是家庭用户，鸡腿、鸡翅类通常采用 1 千克的塑料袋装或盒装，这样的数量适合普通的消费家庭一次食用，较受消费者的欢迎。再如，铅笔应以6 支、4 支、3 支装为宜，如果采用 12 支装或 24 支装就会影响销售。以人为本的包装设计不仅是对消费者的尊重与关心，而且有利于产品良好形象的树立。

6.2.5　要符合环境保护的要求

随着消费者环保意识的增强，绿色环保概念已成为社会的主流。包装材料的使用、处理与环境保护有着密切的关系。像玻璃、铁、纸材料都是可以回收利用的，但塑料相对难以回收利用，烧毁时还会对空气产生污染。有的面包的包装使用豆包布，这种包装材料可重复利用、易回收处理、对环境无污染，同时给消费者带来一种亲近感、赢得消费者的好感和认同，并与国际包装概念接轨，从而为企业树立了良好的环保形象。在选用包装材料时，设计师应当考虑到进口产品的国家对材料使用的规定和要求。就拿我国销往瑞士的脱水刀豆来说，原设计为马口铁罐的包装，但因为铁罐在瑞士难以处理，所以并不受欢迎，经市场调查后，设计师将其改为纸盒的包装形式——既轻便又便于回收处理，大大促进了销量。

如果你买了一份汉堡、饮料加薯条的套餐带回家，那么传统的纸袋或塑料袋都不是最好的选择。设计师设计了能将以上食品一次性打包回家的外带包装，该包装相比传统包装可以节省50%的纸质消耗。最关键的是，这个一体式包装真的很好用，如图6-7所示。

◎ 图6-7　食品打包外带包装

6.2.6　要符合储运的要求

　　产品从生产到销售要经历很多环节，其中储运是不可避免的。为便于运输过程中的储存，包装一般都能够排列组合成中包装和运输的大包装。为了便于摆放、节省空间、减少成本核算，运输包装一般都采用方体造型。对于异形的销售包装，为了装箱方便、节省空间和避免破损，可以在其外部加方体包装盒，也可以将两个或两个以上不规则的造型组合成方体来节省储运空间。对于空置的包装，也要考虑能否经过折叠、压平、码放来节省空间。另外，在销售过程中，包装成型是否方便快捷也要作为设计的重要条件。这就要求包装设计人员必须具备专业的包装结构知识，既要考虑展示宣传效果，也要让销售人员方便操作。

　　图 6-8 所示为一个枕头包装——小纸板手柄包装行李箱，携带方便，易于储存。

◎ 图 6-8　品牌枕头新颖实用包装

6.2.7　要符合陈列展示的要求

　　产品包装的陈列展示效果会直接影响产品的销量。产品陈列展示一般分为如下形式：将产品挂在货架上、将产品一件件堆起、将产品平铺在货架上。基于此，人们通常采用可挂式包装、POP 式包装、盒面开窗式包装等。无论怎样的包装结构都应力图保持尽可能大的主题展示面，以便为装潢设计提供便利。

越南某品牌果汁的圣诞主题包装如图 6-9 所示。对于果汁而言，透明包装也许是最好的选择，这样将不同颜色的果汁摆放在一起就是一道彩色的风景线。

◎ 图 6-9　果汁的圣诞主题包装

6.2.8　要符合与企业整体形象统一的要求

设计一个包装，不仅要解决这个包装的自身形象、信息配置等问题，还要合理地解决该包装和整个系列化包装的关系，以及该包装和整个企业视觉形象的关系等问题。包装设计必须在企业形象识别系统计划的指导下进行。通过系列化规范设计与制作的包装是现代企业经营管理和参与市场竞争的必要手段。这样的包装可以让企业在展示自身形象与进行促销活动时，便于管理，降低成本，同时保持高质量的视觉品质。

生产加工是使设计创意落地的手段，设计师需要不断了解设备更新的情况，提高自身的技术水平，以适应设计的要求。

匈牙利某品牌香水系列包装如图 6-10 所示。这是一个品质不错的化妆品品牌，其包装的颜色给人一种优雅、精致的感觉，有利于塑造一个独特的品牌形象。

◎ 图 6-10　香水系列包装

6.2.9　要符合当前的加工工艺的要求

生产加工是使设计创意落地的手段，设计师需要不断了解设备更新的情况，提高自身的技术水平，以适应设计的要求。但是，技术、设备的更新换代毕竟需要一定的条件、时间、资金，设计师在此期间应对当前的加工工艺有充分的了解。

要注意，销售包装一般较小，在设计时要考虑纸张的利用率，要选择合适的纸张开数，以免浪费。

拼版时注意纸张的排列方向可减少纸张的浪费。设计的展开图如果横向拼，则有可能造成纸张的浪费；如果改变版面的摆放方式，不仅可以减少纸张的浪费，而且可以增加在同一纸张上的单位印刷数量，如图 6-11 所示。

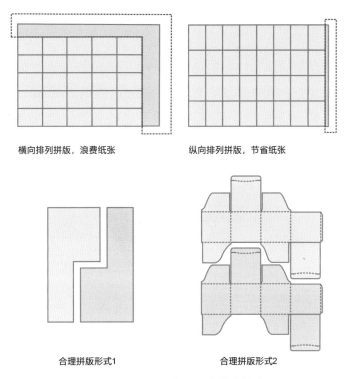

横向排列拼版，浪费纸张 纵向排列拼版，节省纸张

合理拼版形式1 合理拼版形式2

◎ 图 6-11　减少纸张浪费的拼版

6.3　包装造型的 10 种方法

包装造型的 10 种方法如图 6-12 所示。

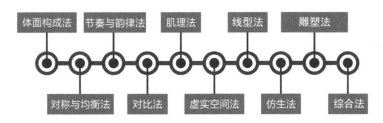

| 体面构成法 | 节奏与韵律法 | 肌理法 | 线型法 | 雕塑法 |

| 对称与均衡法 | 对比法 | 虚实空间法 | 仿生法 | 综合法 |

◎ 图 6-12　包装造型的 10 种方法

6.3.1　体面构成法

包装造型由面和体构成，通过各种不同形状的面、体的变化，即面与面、体与体的相加、相减、拼贴、重合、过渡、切割、削减、交错、叠加等手法，可构成不同形态的包装。外卖食品包装如图6-13所示，将大三角形包装掰开后可见三个小三角形的食物。

◎ 图6-13　外卖食品包装

6.3.2　对称与均衡法

对称与均衡法在包装的造型设计中运用得最为普遍，它是大众最容易接受的方式之一。一般日常生活用品的包装造型都采用这种设计手法。对称法以中轴线为中心，两边等量又等形，给人以良好的视觉平衡感和严谨感，但应避免过于呆板。图6-14所示的香氛蜡烛包装就采用了这一方法。

◎ 图6-14　香氛蜡烛包装

均衡法用以打破静止局面，追求富于变化的动态美，这样的包装的两边等量但不等形，给人以生动、活泼、轻松的感觉，并具有一种力学的平衡感。

6.3.3　节奏与韵律法

节奏是有条理、有秩序、有变化规律的重复。节奏可以通过线条、形状、肌理、色彩的变化来实现。韵律是以节奏为基础的，比节奏更富于变化之美。如图6-15所示的老年人药品包装就运用了这一方法。

◎ 图6-15　老年人药品包装

6.3.4　对比法

对比法即运用有差异的线、面、体、色彩、肌理、材料、方向等元素，使包装造型呈现一定的对比感。设计师可以采用体量对比，即运用造型要素不同大小的体量进行对比，以产生活泼、生动感（见图6-16），也可以采用肌理对比（如粗糙与细腻对比），使包装表面产生质感对比。

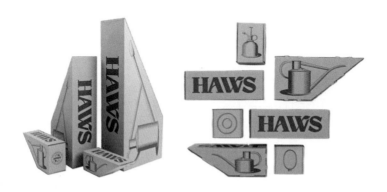

◎ 图6-16　水壶包装

6.3.5　肌理法

肌理是与形态、色彩等因素相比较而存在的可感因素，它自身也是一种视觉形态。包装造型上的肌理是将直接的触觉经验有序地转化为形式的表现，它能使视觉表现产生张力，在设计中获得独立存在的表现价值，从而增加视觉感染力。

通过对产品的深入了解，设计师提取了褶皱这一元素，并将其运用到了 Logo、名称和包装上（见图 6-17）——从包装的字母窗口可以看到内部，而这些有色彩的褶皱同时成了外包装的一部分。

◎ 图 6-17　产品包装

6.3.6　虚实空间法

在包装造型设计中，充分利用凹凸、虚实空间的对比和呼应，可使包装造型虚中有实、实中有虚，产生空灵、轻巧之感。

图 6-18 所示为英国的小众香水品牌的都市系列包装，通透的外观包装搭配森系感的标签贴，呈现出独特的三维空间效果，更符合年轻女性的审美需求。

◎ 图 6-18　英国的小众香水品牌的都市系列包装

6.3.7　线型法

在平面构成中，线是一种简洁而行之有效的视觉语言，也是最常用的视觉媒介之一。线型法是包装造型设计的基本方法，是指在包装造型设计中，以外轮廓线的线型变化为主要设计语言，给包装的外观带来直观的形体视觉效果。线的变化决定造型变化。线的造型设计可以从分析三视图入手，可以变化正视图的两侧线型，如果两侧线型不变，则可以变化它的侧视图、仰视图或俯视图的线型。每一个经过变化的三视图都将是一个新的造型。

橄榄油包装如图 6-19 所示。简洁的圆柱形搭配空中俯瞰概念的艺术装饰打造出独特的未来主义的水滴形状；圆锥双耳壶的形状是以现代风格为灵感来源的。

◎ 图 6-19　橄榄油包装

6.3.8　仿生法

仿生学设计的灵感来自生动的自然界，如水滴形、树叶形、葫芦形、月牙儿形等常被运用到艺术设计的造型中。包装的仿生设计，概括来讲是以自然形态为基本元素的，或提取自然物形态中的设计元素，或将自然物象中单个视觉元素从诸元素中抽取出来，通过提炼、抽象、夸张、强调等艺术手法进行加工，形成单纯而强烈的形式，传达出产品内在结构蕴涵的生命力，使产品包装造型既有自然之美，又有人工之美。

韩国的一个设计工作室以其创作的一个个卡通小怪兽及制作的短动画而出名。这些可爱的小怪兽虽然很多都没有手，但是都有着积极的一面。怪兽水杯的包装就是以这些小怪兽为对象进行设计的（见图6-20），希望这些可爱的卡通人物能走进人们的生活，温暖更多的人。

◎ 图6-20　怪兽水杯包装

6.3.9　雕塑法

包装造型是三维的造型，在保证包装的基本功能的前提下，采用雕塑法使包装在三维空间产生更为纵深的起伏变化，可以增强人们的审美愉悦感（见图6-21）。

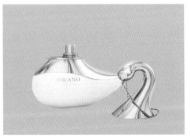

◎ 图6-21　香水包装

6.3.10　综合法

综合法是指对不同材料和工艺的综合使用，为包装设计打开了一扇新的门。现代包装通常涉及至少两种材料，如玻璃、塑料、金属、纸（用于标贴）等。设计师在考虑使用何种包装材料的同时不能忽略材料的加工工艺，以达到材料和工艺的完美结合，甚至掩盖和弥补某种材料在加工中的缺陷。

运用综合法设计的包装如图 6-22 所示，这种包装采用一种独特、新型的油墨技术——发泡油墨内的添加剂受热膨胀，使瓶体拥有柔软的触感。该包装上围绕在整个瓶体上的运动型凸起代表着"瓶中的弹力球争先恐后地要冲出来"的理念，而钻蓝色和白色瓶体分别代表含糖、无糖。

◎ 图 6-22　运用综合法
设计的包装

6.4　常见的 6 种包装造型形式

常见的 6 种包装造型形式如图 6-23 所示。

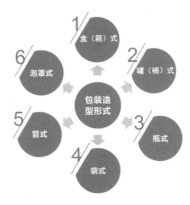

◎ 图 6-23　常见的 6 种包装造型形式

6.4.1　盒（箱）式

盒多用于包装固体状产品，既可以保护产品，也有利于叠放运输。盒的容量较小，深度较浅，带有盒盖。最常见的是折叠纸盒，主要用于食品、文化用品的包装。箱的容量较大，主要用于运输包装，除复合纸材料外，还可用塑料、木材、金属等材料制成。

于小菓新中式精品点心包装如图 6-24 所示。于小菓的 Logo 的 9 种图案源于中国古代点心模具中的常见形状，红色与金色的配色给人一种欢乐、喜庆的感觉，宋体字与英文衬线字体的融合更体现其对传统的追求。专利小鲜盒开创性地采用独立式酸奶包装材料，能起到很好的保鲜作用，同时盒子包装能更好地防积压、防受潮。于小菓专利包装小鲜盒和品牌视觉形象获得两项 2020 年德国设计奖，成为首个获得此荣誉的中国点心品牌。

◎ 图 6-24　于小菓新中式精品点心包装

6.4.2　罐（桶）式

罐（桶）多用于包装液体或粉末状的产品，通常用塑料和金属制成。罐的板厚小于或等于 0.49mm，容量小于或等于 16L，主要用于食品罐头、饮料、啤酒、医药、日用品等领域；桶的板厚大于或等于0.5mm，容量大于或等于20L，用于洗衣液、机油、食用油、油漆等包装。

◎ 图6-25　剁椒酱古风包装

如图6-25所示的剁椒酱产品采用了古风包装，除沿用同类产品一贯的罐式包装外，还在瓶盖上使用布料包裹，使得包装在整体上更加亲切、和谐。

6.4.3　瓶式

瓶多用于包装液体产品，多以玻璃、塑料或陶瓷制成，并配以金属或玻璃瓶盖，具有良好的密封性。瓶子的造型多种多样，是包装应用较多的一类，常见的如化妆品瓶、药瓶、酒瓶、饮料瓶等，多与盒配套使用。随着纸包装材料和技术的发展，瓶式结构的纸包装在牛奶、饮料等领域的市场增长较快。

图6-26所示为通过手动切开就变成两小瓶的果酱包装设计。这种产品体验让人跃跃欲试。

◎ 图6-26　果酱包装设计

6.4.4 袋式

袋多用于包装固体产品，是用柔韧性材料（如纸、塑料薄膜、铝塑等复合薄膜、纤维编织物等）制成的袋类包装，形体柔软。其优点是便于制作、运输和携带。容积较大的有布袋、麻袋、编织袋等，容积较小的有手提塑料袋、铝箔袋、纸袋等。

自立式包装袋是一种新兴的包装形式，具有以往包装袋所不具有的两大突破性优势：可站立和可再封，主要有吸嘴袋和拉链袋两类。近年来，牛奶、果汁、干果、休闲食品、洗衣液、沐浴液等诸多产品中应用自立式包装袋的情况逐渐增多，消费者对这种包装形式也越来越认可。

◎ 图 6-27　茶叶包装

茶叶包装如图 6-27 所示。该包装外形简单，塑料袋和封套的搭配产生了"1+1 ＞ 2"的效果。如果拆开单看塑料袋和封套，多少有点简陋的感觉，但二者组合起来再加上颜色鲜艳的茶叶，马上给人一种纯天然的感受。

6.4.5 管式

管式结构的包装多用于包装黏稠状产品，多以塑料软管或金属软管制成，便于使用时挤压，多带有管肩和管嘴，并以金属盖或塑料盖封闭。管式结构的包装广泛应用于药品、化妆品、牙膏、颜料、鞋油、化工产品等领域，其中，化妆品及各类护肤品是应用最多的（见图 6-28）。可挤压性是塑料包装除轻便之外的另一个其他材料无法与之竞争的优势，原先的金属可挤压软管也逐渐被塑料软管取代。

泡罩式包装：将产品置于纸板、塑料板、铝箔制成的底板上，再覆以与底板相结合的吸塑透明罩，既能通过塑料罩透视产品，又能在底板上印制文字和图案，具有保护性好、透明直观等优点。

◎ 图6-28　管式包装

6.4.6　泡罩式

　　泡罩式包装是将产品置于纸板、塑料板、铝箔制成的底板上，再覆以与底板相结合的吸塑透明罩，既能透过吸塑透明罩透视产品，又能在底板上印制文字和图案，具有保护性好、透明直观等优点。

　　最初的泡罩式包装主要用于药品包装，考虑的是保护产品及防窃的功用，但不易于开启、容易割伤手。现在除药品片剂、胶囊、栓剂等医药产品的包装外，经改良的泡罩式包装还广泛应用于食品、化妆品、玩具、礼品、工具和机电零配件等领域（见图6-29）。

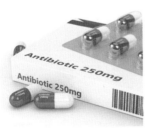

◎ 图6-29　泡罩式包装

包装的结构除要符合产品本身的形状和特性外，还要适于销售陈列，并方便消费者携带与使用。根据包装陈列的不同方式，泡罩式包装结构可分为自立式、吊挂式、倒立式、手提式、开窗式、集合式、成套式等。

6.5 现代包装结构设计的 5 个先进理念

在现代包装设计领域，包装结构的设计是关键点，它是包装形态的主体，具有保护产品的作用。包装结构设计是一个复杂的范畴，主要指与包装相关的各部分之间的关系。这些关系不仅包括包装本体各组成部分之间的关系，还包括包装本体与内装物之间的作用关系、内包装与外包装的配合关系，以及包装组合与外部环境之间的关系。

6.5.1 人体工学的结构形态

所谓人体工学就是从本质上减少人在使用工具或物体时的疲劳感，其设计形态要尽可能地适应人体的自然形态。在包装结构设计中，设计师首要考虑的就是人手的自然结构，从而使人在使用包装时能达到手、物一体的自然状态。

这是包装结构形态的最高境界，也是"以人为本"设计理念的体现，这种从人体工学角度来进行的包装形态设计一般都是技术含量较高的结构形态设计。

用牙膏时，我们会觉得还没用完就挤不出来了，但这款底部可以撕开的人性化牙膏包装真是一点也不浪费，如图 6-30 所示。

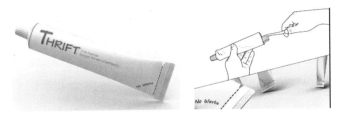

◎ 图 6-30　底部可以撕开的人性化牙膏包装

6.5.2　仿生设计学的结构形态

　　仿生设计学是以仿生学和设计学为基础发展起来的新的设计方向，它主要以自然界万物的外部特征和内部构造为参考对象，选取生物有价值的特性或结构，如形状、功能、结构等，在设计中应用或夸张某些特征和结构，从而起到延展设计的作用。

　　对于这种类型的包装结构，除最基本的保护产品的功能外，因为外形结构源于自然，设计师会从产品的形状或使用功能等方面来进行包装外形的延展设计（主要从艺术性和美感的角度进行考虑）。这类设计往往具有一定的趣味性，让消费者对品牌或产品留下深刻的印象。图 6-31 所示的仿生设计的鸡蛋包装就属于这类包装。

◎ 图 6-31　仿生设计的鸡蛋包装

6.5.3　组合与分解的结构形态

组合就是把一些琐碎、零散的个体和部分通过某种方式进行连接，从而形成有价值的整体，它的精髓在于将单个要素组合成整体。分解与组合相反，就是将一个整体拆成个体和部分。

组与分是两个相反的概念，但是二者的结合能够成就新的设计思路——可以是结构方面的组与分，也可以是附加在结构上的图形或符号，组合在一起是完整的图案，单独放置则具有独立的价值。

星巴克联合某彩妆品牌推出的樱花季积木唇膏如图6-32所示。该包装以乐高积木为设计理念，以积木为底座，用砌积木的形式进行收纳，打破了常规的化妆品包装设计思维，更具互动性和便捷性。除此之外，星巴克的杯子被设计成迷你版，和口红搭配在一起形成了一个组合的造型。

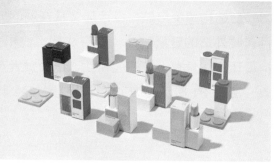

◎ 图6-32　星巴克联合某彩妆品牌推出的樱花季积木唇膏

6.5.4　可重复利用的结构形态

环保是现代包装设计的发展方向，重复利用则是环保理念的主题之一。可重复利用的理念有多种设计表现形式，其中之一就是改变包

概念化的结构形态主要指以探索为目的的设计，一般不用于正常的商业渠道，它的价值在于可以展示最新的科技手段和传达最新的设计理念。

装的结构形态。设计师对包装结构进行合理的设计，使包装的附加功能可以被消费者直接利用。此外，设计师通过改变结构和设计方式给消费者留有再创作的空间，使包装可以通过消费者的简单再创造具有新的使用功能。这是对包装功能的进一步深化和推广，需要设计师对包装的材料、造型及结构等方面进行周密和细致的分析与研究。

可重复利用的结构形态如图 6-33 所示，产品使用完的空间可以放置垃圾袋，这样的设计得体且有趣，同时可以借助垃圾袋很好地普及垃圾分类的知识。

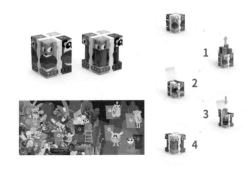

◎ 图 6-33　可重复利用的结构形态

6.5.5　概念化的结构形态

概念化的结构形态主要指以探索为目的的设计，一般不用于正常的商业渠道，它的价值在于可以展示最新的科技手段和传达最新的设计理念，甚至可以将两个不同领域的结构相结合进行探索和发展。概念化的包装设计主要用于现代包装结构，形态、种类繁多。

概念化的结构形态如图 6-34 所示，结构创新如同魔术一般，打开的各种包装形式让人耳目一新。

◎ 图 6-34　概念化的结构形态

综上所述，这些结构形态都具有保护产品的功能，且每种结构形态都具有明显的优点（见图 6-35）。

1	人体工学的结构形态与人的手掌完美结合，使用更加方便、省力
2	仿生设计学的结构形态从大自然中吸取灵感，具有趣味性，容易让人产生愉悦感
3	组合与分解的结构形态实际上兼具节省材料和可重复利用的双重功能，是现代环保理念的执行者
4	可重复利用的结构形态是节省材料的功臣，它可以用最少的材料使功能最大化
5	概念化的结构形态是前沿设计理念和最新科技材料的展示舞台，可促使人们对包装结构进行探索

◎ 图 6-35　每种结构形态的明显优点

无论是何种设计理念下的包装结构形态，都是为了更好地保护产品和为消费者服务。

6.6 包装结构设计的相关事项

6.6.1 包装结构设计尺寸的注意事项

包装结构主要通过对原材料进行加工来实现，这就不得不考虑纸 / 纸板等原材料的厚度及其他特性（这里主要讲厚度），而加工工艺也是包装结构设计的制约因素。包装结构设计主要有 3 个尺寸（见图 6-36）。

纸张厚度有理论值，也有实际值，设计师主要依据实际值去考量（见表 6-1），当然理论值也是设计公差的因素。以普通瓦楞纸箱为例，常见的 A 坑为 4.5~5mm，B 坑为 2.5~3mm，C 坑为 3.5~4mm，实际上会受到裱坑、模压、纸张克重的影响，出现实际值比理论值还要小的情况。

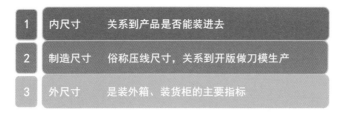

1	内尺寸	关系到产品是否能装进去
2	制造尺寸	俗称压线尺寸，关系到开版做刀模生产
3	外尺寸	是装外箱、装货柜的主要指标

◎ 图 6-36 包装结构设计的 3 个尺寸

表 6-1 纸张的厚度分类

纸板	厚度(mm)	压线尺寸(mm)			外尺寸(mm)		
		长	宽	高	长	宽	高
A坑	4.5~5	8	8	12	3	3	5
B坑	2.5~3	5	5	8	3	2	5
C坑	3.5~4	6	6	10	3	2	5
AB坑	7	12	12	20	6	4	10
BC坑	6	10	10	18	5	3	8

参照表 6-1，在进行结构设计时，设计师应该考虑如图 6-37 所示的 6 个因素。

1. 压合对楞高的影响：裱坑的彩盒、彩箱在经过裱坑机滚轮及橡皮布压合后，坑型变矮，纸张厚度变小，甚至出现E坑、F坑、G坑的楞高被压死的情况
2. 纸质对纸张厚度的影响：纸质越差，纸张厚度比理论值小得越多
3. 印刷面积及位置对纸张厚度的影响：针对水印，也就是柔性印刷，印刷面积及印刷位置都会压扁坑纸，印刷面积越大，纸张厚度变小程度越大
4. 啤压工艺对纸张厚度的影响：包装结构在压线和刀线处设置了橡皮布或回弹海绵，也会让纸张/纸板变薄，这样在插口时方便插合
5. 内装物的特性对外尺寸的影响：如果是规则的且是刚性的，则内尺寸与压线尺寸、外尺寸稳定，如果是较软、弹性大的产品，如衣物、泡沫等，则要适当加大尺寸
6. 间隙对整体结构设计的影响：多个（5个以上）产品并排装箱，要考虑间隙，以装箱实测为准

◎ 图 6-37　在进行结构设计时应该考虑的 6 个因素

此外，我们还要注意工艺对结构的影响。结构设计中的工艺有折叠、插扣、咬合、钉合、磁吸等，以实现包装之动能，因此要根据结构功能选择不同的工艺。

6.6.2　包装结构设计师的工作注意事项

包装结构设计作为包装设计的基础，与包装造型设计和包装装潢设计相辅相成。包装材料、包装机械和包装工艺是包装设计的前提和手段，包装设计受到包装材料、包装机械和包装工艺的约束和限制（见图 6-38）。在行业内，我们经常听说这个装潢设计师或那个造型设计师（外观设计师）脱离生产实际，设计的图纸根本无法转为量产，但包装结构设计师一定要懂包装材料、包装机械和包装工艺的相关知识，有责任也有义务将造型设计、装潢设计通过技术处理转化为可量产图纸。

学习包装结构设计应全面了解包装材料、包装机械及包装工艺等方面的知识，掌握造型设计和装潢设计的基本知识和基本技能，同时应具备较高的创意素质和一定的审美情趣及鉴赏能力。

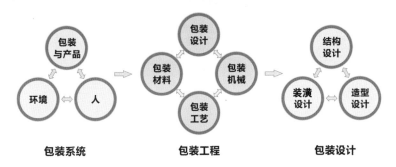

◎ 图 6-38   包装是一个系统工程

综上所述，学习包装结构设计应全面了解包装材料、包装机械及包装工艺等方面的知识，掌握造型设计和装潢设计的基本知识和基本技能，同时应具备较高的创意素质和一定的审美情趣及鉴赏能力。

在学习包装结构设计的过程中，我们需具备如图 6-39 所示的 4 项能力。

1　多模仿，多设计，多思考，多创新，加强自己的实践操作能力

2　加强立体空间的想象能力，特别是针对纸、箔、膜类由平面到立体成型的包装结构，必须掌握二维到三维之间的思维转换

3　构建自己的知识体系，形成一套提出问题、分析问题和解决问题的方法论，尤其注重培养动手能力和创新能力

4　带着批判的眼光看待现有的结构设计，认识到任何设计都具有时代的局限性，要勇于尝试，开拓创新

◎ 图 6-39   学习包装结构设计需具备的 4 项能力

第 7 章

包装材料的应用

　　包装材料是指用于制造包装和进行包装装潢、包装印刷、包装运输等满足产品包装要求所使用的材料，包括纸、塑料、金属、玻璃、陶瓷、复合材料等主要材料，还包括捆扎带和装潢、印刷材料等辅助材料。其中，纸和塑料是应用范围较广的材料。

　　在消费者的眼中，包装就等于产品。对于许多包装而言，其物理结构包含了产品的视觉识别。包装结构与材料除具有容纳、保护与运输的功能外，还提供包装的设计平面。

　　在零售环境中，包装结构可以保存产品，并提供影响产品第一印象的质感与保护功能。产品会在最终使用中执行其符合人体工学的任务，如适当的开关、分配及在某些状况下产品的安全储存性。材料的优缺点应在每项包装设计作业的初始阶段被纳入考量。

　　包装结构与材料的选择要依据如图 7-1 所示的 15 个方面进行考量。

　　由于包装结构与材料影响到保护产品的有效性、产品运输与最终消费者的满意度，故其抉择性可成为包装设计中的关键议题。结构与材料受限于市场的现成物或新科技与创新，但无论如何，结构设计的各因素都是包装设计的根本依据所在。

包装材料：用于制造包装和进行包装装潢、包装印刷、包装运输等满足产品包装要求所使用的材料，包括纸、塑料、金属、玻璃、陶瓷、复合材料等主要材料，还包括捆扎带和装潢、印刷材料等辅助材料。

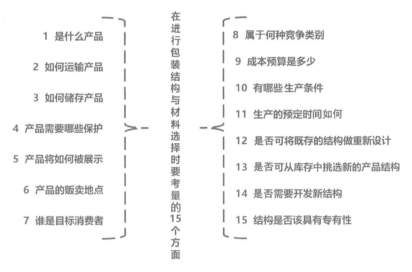

1 是什么产品

2 如何运输产品

3 如何储存产品

4 产品需要哪些保护

5 产品将如何被展示

6 产品的贩卖地点

7 谁是目标消费者

在进行包装结构与材料选择时要考量的15个方面

8 属于何种竞争类别

9 成本预算是多少

10 有哪些生产条件

11 生产的预定时间如何

12 是否可将既存的结构做重新设计

13 是否可从库存中挑选新的产品结构

14 是否需要开发新结构

15 结构是否该具有专有性

◎ 图7-1　在进行包装结构与材料的选择时要考量的15个方面

对不同材料结构的基本认识是进行合理的包装设计的关键，我们可以根据品质、力学性能、物理状态、材质等对材料进行分类，这里以几类主要的材料进行举例说明。

7.1　纸

在整个包装设计发展进程中，纸作为一种普遍的包装材料被广泛运用到生产和生活实践中。

纸质包装在整个包装产值中约占50%的比例，全世界生产的40%以上的纸和纸板都是被包装生产所消耗的，可见，纸包装的使用相当广泛，且占据着非常重要的地位。纸包装所具有的优良个

纸的可塑性使其成型比其他材料更容易，通过裁切、印刷、折叠、封合能较方便地把纸和纸板做成各种形式。纸包装的类型按结构形状可分为盒、箱、袋、杯、桶、罐、瓶等。

性使其长久以来备受设计师和消费者的青睐。纸包装有一定的强度和缓冲性能，在一定程度上能遮光、防尘、透气，并能较好地保护内装物品。除此之外，纸包装能折叠、重量轻，便于流通和储存。

随着人们的环保意识的增强和对"绿色包装"的追求，取之于自然、能再生利用的纸材的使用面还会进一步拓宽，尤其是纸复合材料的发展，使纸包装的用途不断扩大，同时弥补了纸材在刚性、密封性、抗湿性方面的不足。

纸的可塑性使其成型比其他材料更容易，通过裁切、印刷、折叠、封合能较方便地把纸和纸板做成各种形式。纸包装的类型按结构形状可分为盒、箱、袋、杯、桶、罐、瓶等。

图 7-2 所示的环保蛋糕包装是火车造型的，等吃完蛋糕之后，"火车"仍可以用来存储各种物品。

◎ 图 7-2　可再利用的环保蛋糕包装

7.1.1 纸的分类

瓦楞纸板是多层纸张的黏合体，最少由一层波浪形芯纸夹层及一层纸板构成，具有很高的机械强度，能承受搬运过程中的碰撞和摔跌，其性能取决于芯纸和纸板的特性及纸箱本身的结构。

这里还要提一下特种纸。特种纸是各种特殊用途纸或艺术纸的统称，种类繁多。特种纸是造纸时用不同纤维或添加剂制成的具有特殊机能的纸张，如人们常见的拷贝纸、双胶纸。

1. 牛皮纸

牛皮纸质地坚韧且价格低廉，具有良好的耐折性和抗水性，多用于制作购物袋、信封、水泥袋等，也可作为食品的包装用纸。

比萨外包装如图 7-3 所示。该品牌的比萨有 12 种牛皮纸的包装盒，每种包装盒对应白色时钟图案的不同时刻，旨在表达消费者在选择外卖时，商家将会送上用对应时间点的包装盒包装的比萨。

◎ 图 7-3　比萨外包装

2. 瓦楞纸

纸箱又称瓦楞纸箱，其主要由瓦楞纸板组合而成，而瓦楞纸板材质主要由面纸、里纸及芯纸构成（见图 7-4），具有轻便、坚固、载重和耐压性强、防震、防潮、成本较低等优点。

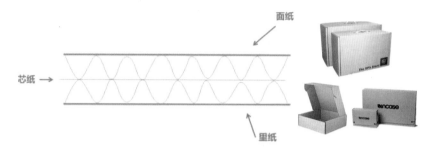

◎ 图 7-4 瓦楞纸板材质的结构

3. 白板纸

白板纸质地坚硬、厚实，具有较好的挺立强度、表面强度、耐折性和印刷适应性，适用于做包装盒、衬板等（见图 7-5）。

◎ 图 7-5 白板纸包装

4. 铜版纸

铜版纸主要采用木、棉纤维等高级原料精制而成，分为单铜和双铜两种，适用于多色套版印刷，印后色彩鲜艳，层次变化丰富。铜版纸常用于手提袋、名片和书籍、杂志封面的制作（见图 7-6）。

◎ 图 7-6 铜版纸包装

7.1.2　10 种基础的纸包装结构

随着产品多样化的发展，产品包装也在不断地发生变化。结构合理、外形美观的包装能一下子吸引住消费者的目光，迅速抢占市场先机。尽管产品包装的样式不断推陈出新，但包装本身的结构都是由那些基础的包装结构演化而来的。基础的纸包装结构主要有如图 7-7 所示的 10 种。

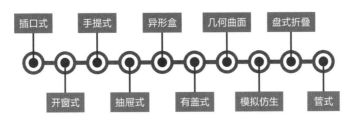

◎ 图 7-7　10 种基础的纸包装结构

1. 插口式

这是一种比较常见的纸盒结构，造型设计简洁明了，多用于比较常见的批发包装（见图 7-8）。在成型过程中，盒盖和盒底都需要摇翼折叠组装固定或封口，而且大都为单体结构，在盒底侧面有黏口。盒形的基本形状为四边形，也可以在此基础上扩展为多边形。

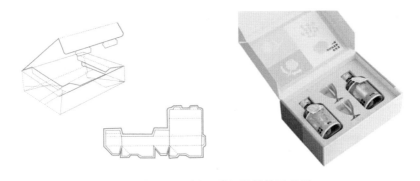

◎ 图 7-8　插口式包装结构及效果

2. 开窗式

这类结构多应用在玩具、食品等产品中。开窗式包装可以使消费者直接看到产品的部分内容，做到"眼见为实"，从而增加消费者的信心。开窗的位置、形状和结构变化非常自由（见图7-9）。设计师需要注意的设计原则：不破坏结构的牢固性和对产品的保护性；不影响品牌形象的视觉传达；注意开窗形状与产品露出部分的视觉协调性。

◎ 图 7-9　开窗式包装结构

某广告公司所创建的独特包装表明，该产品是富含高蛋白的健康面包（见图7-10），同时为健身中心打响了招牌，一举两得。据说，自从该面包店改用这样的包装之后，与之合作的健身中心的数量增加了25%。

◎ 图 7-10　健身专用高蛋白面包包装

3. 手提式

这种包装的优势是携带方便。设计师要特别注意产品的体积、重量、材料及提手的构造是否恰当，以防消费者在使用过程中出现包装破损的情况。手提式包装通常有两种表现形式：一是提手与盒体分体式结构，提手通常采用综合材料，如塑料、纸等；二是提手与盒体一体式结构，即采用一张纸成型的方法（见图7-11）。

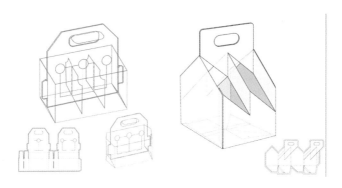

◎ 图 7-11　手提式包装结构

4. 抽屉式

这类包装结构类似抽屉的造型，结构稳固，方便反复使用，是一种开启很方便的一次性包装（见图7-12）；包装结构中的齿状裁切线或易拉带用来开启包装；适用于包装粉状的产品、快餐和冷冻食品等。

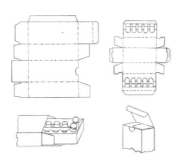

◎ 图 7-12　抽屉式包装结构

5. 异形盒

异形盒追求结构的趣味性与多变性，多用于一些性质比较活泼的产品，如小零食、糖果、玩具等（见图7-13）。这类结构设计比较繁杂，但展示效果非常好（见图7-14）。特殊形态的纸盒结构是在常态纸盒结构的基础上进行变化加工而成的——充分利用纸的各种特性和成型特点可以创造出形态新颖别致的纸盒包装。

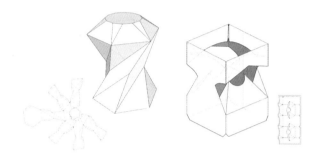

◎ 图7-13　异形盒包装结构

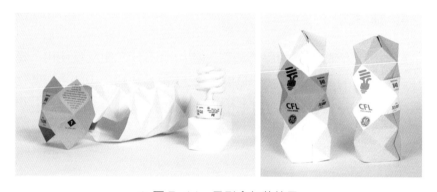

◎ 图7-14　异形盒包装效果

6. 有盖式

有盖式纸盒结构分为一体式与分体式两种。一体式结构：盖与盒身相连，一纸成型（见图7-15）；分体式结构：盖与盒身分开，二纸成型。

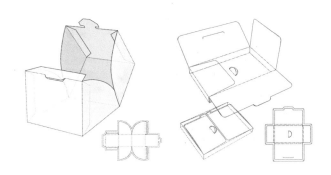

◎ 图 7-15　有盖式包装结构

7．几何曲面

几何曲面结构给人以整齐、理智的感觉，常见的有球面、圆柱面、围锥面、螺旋面等。几何曲面包装结构和效果分别如图 7-16 和图 7-17 所示。

◎ 图 7-16　几何曲面包装结构

◎ 图 7-17　几何曲面包装效果

8．模拟仿生

包装的形体可以直接模仿某一器物、动物或人物形象，以此来突出产品特色，这是模拟仿生设计法（见图 7-18）。但是模拟仿生设计法不可滥用，要切题、合理，切忌庸俗化，且被模仿形象要有美感。

◎ 图 7-18　模拟仿生包装效果

9. 盘式折叠

从结构上看，盘式折叠纸盒选用一页纸板，以盒底为中心，将四周纸板呈角折叠，角隅处通过锁或其他方法封闭。如果需要，这种纸盒的盒身可以延伸组成盒盖。与管式折叠纸盒有所不同，这种纸盒在盒底几乎无结构变化，结构变化主要在盒体位置（见图 7-19）。

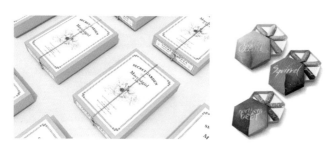

◎ 图 7-19　盘式折叠包装效果

10. 管式

这类包装利用一张纸成型，在包装内部自然形成间隔，可以有效地保护产品，提高包装效率（见图 7-20）。管式包装主要用于包装玻璃杯、饮料杯、饮料罐等硬质、易损的产品（见图 7-21）。

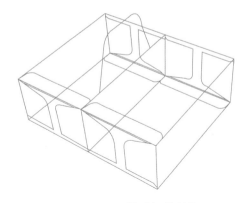

◎ 图 7-20 管式包装结构

◎ 图 7-21 管式包装效果

7.2 塑料

不同种类的塑料可满足不同的容纳需求。它们或坚硬或柔软，或白色或彩色，或透明或不透明，可以塑造不同形状与尺寸的包装。

7.2.1 泡沫塑料

泡沫塑料是由大量气体微孔分散于固体塑料中而形成的一类高分子材料，具有质轻、隔热、吸音、减震等特性，且介电性能优于基体树脂，用途很广。几乎各种塑料都可做成泡沫塑料，发泡成型已成为塑料加工中的一个重要领域。

常用的泡沫塑料及性能如表 7-1 所示，一般在设计缓冲包装时会用到这些材料。

表 7-1　常用的泡沫塑料及性能

	泡沫塑料品种			
	聚乙烯发泡板	软质聚氨酯泡沫塑料	可发性聚苯乙烯板	软质聚氯乙烯板
密度/(g/cm³)	0.03~0.40	0.02~0.06	0.016~0.03	0.05~0.10
气泡	闭孔	开孔	闭孔	闭孔
机械强度	强	弱	脆	较强
吸水性	极少	吸水	少量	少量
最高使用温度/℃	85	120	80	60
耐药品性	优良	良	差	差
耐燃性	可燃	可燃(黑烟)	可燃(黑烟)	自熄(有毒)
柔软性	较硬	软	硬	较软
耐候性	良	差	差	差
耐冲击性	良好	一般(较脆)	一般(较脆)	较好
缓冲性能	优良	良好	优良	良好

7.2.2　薄膜类塑料

常用的薄膜类塑料有低密度聚乙烯薄膜、高密度聚乙烯薄膜、聚乙烯苯二甲酸酯、聚丙烯薄膜等（见图 7-22）。

如图 7-23 所示为 T 恤包装，这款 T 恤的外包装为热压成型的透明塑料袋。其表面并没有印上任何图形，人们所看到的图形是将 T 恤用一定的方法进行折叠后透过塑料显现出来的图形。这款包装简约、时尚，平面视觉效果强。

低密度聚乙烯薄膜(LDPE)

指的是具有收缩性的薄膜，专门用来包装衣物与食品

高密度聚乙烯薄膜(HDPE)

是坚硬且不透明的塑料，一般适用于包装衣物洗涤剂、家庭清洁剂、个人护理品与美容瓶罐

聚乙烯对苯二甲酸酯（PET）

如同透明玻璃，负责承装水及碳酸饮料、芥末、花生酱、食用油与糖浆等，也可作为食物与药品的盒子

聚丙烯薄膜(PP)

用于瓶子、盖子与防潮包装

◎ 图 7-22　常用的薄膜类塑料

◎ 图 7-23　T 恤包装

薄膜类塑料的种类非常多，通过将不同特性的薄膜复合在一起可以形成具有不同功能的塑料，如五层复合的、七层复合的。

塑料的材料特性与制造过程给结构设计师提供了创造新造型的空间。

7.2.3　硬塑料

硬塑料制品在装物品时会维持其自身的形状。像瓶子、罐子、管子等塑料制品都可以选购现货或委托定做。许多产品如牛奶、汽水、

奶油、可微波的面食或米饭、洗发露、身体乳液、感冒药水、清洁剂与肥皂等的包装都是硬塑料制品。拥有专有外形的塑料包装具有高识别度和独有的特征。

1. 塑料管包装

塑料管包装指可以被填满并以旋转或掀开的盖子封住开口的容器，不同于一般包装的地方在于其开口位于包装的底部。新型塑料的制造、塑料原料与加工方法的创新为结构设计师持续开发新型管状形体并设计出独特的尾端奠定了基础。塑料管包装的印刷作业可在成型前，也可在成型后，其复杂程度取决于包装的生产与印刷的程序。

图 7-24 所示为三只松鼠"奶奶甜"罐头包装。且不论产品口味，光是奶瓶形的包装设计、特制材料的选择就使得包装形象更符合审美，体现了"早晚有人宠你像个宝宝"的理念，从而很好地吸引了消费者的目光。奶瓶盖上设计的按键开启、圆润的杯口均体现了设计的人性化。

◎ 图 7-24 三只松鼠"奶奶甜"罐头包装

2. 泡沫包装

泡沫包装是硬塑料包装结构中的一部分，在产品正面的周围以加热加工的方式成型，使消费者可通过透明的塑料罩来观看产品。一般，泡沫黏附于一张印有包装设计图形的纸板上。三折或对折的泡沫都是依据产品的两侧外形所制造的，产品因此被完全透明化。

典型的泡沫包装都会在塑料壳上打洞以便在零售展示时固定。玩具、量产的美容与个人护理品、成药、电池、电子产品、五金产品、五金用品（如钉子、螺丝）及其他小型产品都是泡沫包装的例子（见图 7-25）。

过去，泡沫包装太容易被打开，从而导致产品失窃率增加。故在这样的考量之下，新泡沫包装解决了此问题，虽然造成了消费者的不便，但使产品远离了窃贼。

◎ 图 7-25　泡沫包装

7.3　金属

金属包装是指用金属薄板制造的薄壁包装，主要原料有锡、铝、铜、铁，广泛应用于食品包装、医药品包装、日用品包装、仪器仪表包装、工业品包装等。

1. 金属罐

早在 19 世纪，金属罐就已经存在了。早期的马口铁罐和镀锌的罐子的使用是为了供应英国军队食物，后来被美国引入。现在的金属罐较轻，且在金属表层镀上了防止食物腐坏的物质。金属罐一般为两片罐与三片罐的设计。两片罐由底部的圆柱壁与另外组装的易开片组成。这样的金属罐没有侧缝，因此印刷的图案和文字可以完全覆盖筒状的表面。碳酸饮料罐就是两片罐印刷的最佳范例。三片罐由一个圆筒结构与另外两块分开组合的铁片组成。三片罐一般都有展示品牌识别与产品信息的纸标签。金属罐具有结实、节省空间与可回收的特性。

2．金属管

金属管一般是由铝制成的，经常用来包装药品与美妆产品（如乳霜、凝露、软膏），也可用来包装其他半固态产品（如黏着剂、密封胶、填缝剂及涂料）。为了防止产品腐坏而将金属管进行特殊压层处理，这样不但使其轻盈，而且对产品能起到有效的保护作用。

7.4　玻璃

玻璃包装是将熔融的玻璃经吹制或利用成型模具制成的一种透明容器。玻璃包装的形状、尺寸、颜色都有很多的选择，是常见的包装材料。玻璃的重量与易碎性会影响生产与运输的成本，因此应考虑成本效益与材质的适用性。玻璃的透明性与触感使其被视为可靠且特殊的材质，可用于药品、饮料、奢侈品等包装。

一般人们对于采用玻璃包装的产品的感知是比较高端的。通常，这样的产品的外观、气味等会比其他材料所盛装的产品好（虽然现在有许多高级的塑料包装也加入了竞争行列）。

"半品脱"玻璃牛奶杯像一个已经打开的牛奶盒，如图 7-26 所示，不规则的开口让人想起新开封的牛奶，带棱角的设计让牛奶杯更不容易从手中滑落，简单、优雅、有趣。

◎ 图7-26 "半品脱"玻璃牛奶杯

7.5 陶瓷

陶瓷包括由黏土或含有黏土的混合物经混炼、成型、煅烧而制成的各种制品，不论是粗糙的土器，还是精细的精陶和瓷器，都属于陶瓷。它的主要原料是取之于自然界的硅酸盐矿物（如黏土、石英等），因此与玻璃、水泥、搪瓷、耐火材料等工业同属于硅酸盐工业的范畴。陶瓷具有高熔点、高硬度、高耐磨性、耐氧化等优点，可用作结构材料、刀具材料，而由于陶瓷还具有某些特殊的性能，又可作为功能材料。

陶瓷包装是我国传统的包装，它的造型、色彩极富装饰性，多用于传统食品和工艺品的包装，具有耐火、耐热、坚固、不变形等特点。

陶瓷分为高级釉瓷和普通釉瓷两种。高级釉瓷的釉面质地坚硬、不透明、光洁、晶莹；普通釉瓷的釉面质地粗糙、不透明、光泽度不高，一般用于泡菜、酱菜等传统包装。釉与陶瓷结合的 4 个作用如

图 7-27 所示。

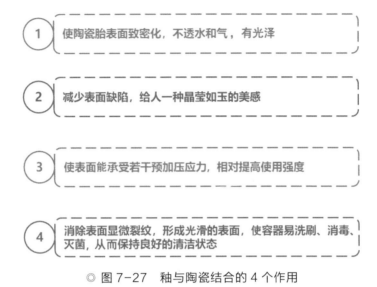

1 使陶瓷胎表面致密化，不透水和气，有光泽

2 减少表面缺陷，给人一种晶莹如玉的美感

3 使表面能承受若干预加压应力，相对提高使用强度

4 消除表面显微裂纹，形成光滑的表面，使容器易洗刷、消毒、灭菌，从而保持良好的清洁状态

◎ 图 7-27　釉与陶瓷结合的 4 个作用

1. 陶瓷的性能

陶瓷的化学稳定性较好，能耐各种化学品的侵蚀，热稳定性比玻璃好，在 250℃～300℃时也不开裂，耐温度剧变。

不同的产品对陶瓷包装的性能要求不同。例如，高档酒要求陶瓷包装不仅机械强度高，密封性好，而且要求白度好、有光泽；有些产品则对电绝缘性、压电性、热电性、透明性、机械性能等有较高要求。包装用的陶瓷主要从化学稳定性和机械强度考虑。

2. 陶瓷包装的设计要点

设计陶瓷包装必须满足 5 个基本要求，如图 7-28 所示。

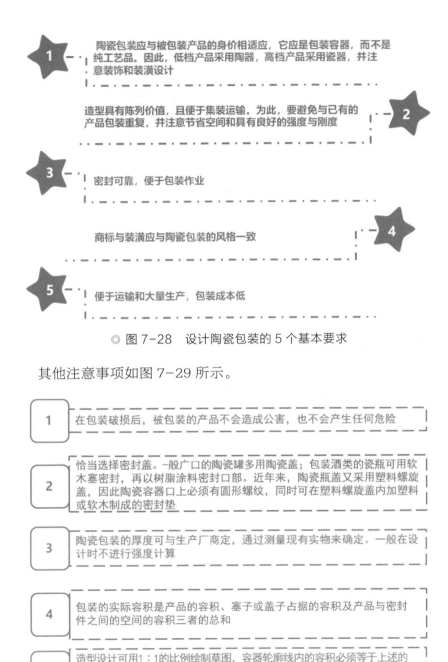

◎ 图 7-28　设计陶瓷包装的 5 个基本要求

其他注意事项如图 7-29 所示。

1　在包装破损后，被包装的产品不会造成公害，也不会产生任何危险

2　恰当选择密封盖。一般广口的陶瓷罐多用陶瓷盖；包装酒类的瓷瓶可用软木塞密封，再以树脂涂料密封口部。近年来，陶瓷瓶盖又采用塑料螺旋盖，因此陶瓷容器口上必须有圆形螺纹，同时可在塑料螺旋盖内加塑料或软木制成的密封垫

3　陶瓷包装的厚度可与生产厂商定，通过测量现有实物来确定。一般在设计时不进行强度计算

4　包装的实际容积是产品的容积、塞子或盖子占据的容积及产品与密封件之间的空间的容积三者的总和

5　造型设计可用 1：1 的比例绘制草图，容器轮廓线内的容积必须等于上述的实际容积；可在坐标纸上绘图量取：沿着容器轮廓外侧绘出容器的厚度，再根据陶瓷的密度估算出容器重量

◎ 图 7-29　设计陶瓷包装的其他注意事项

为反映特级橄榄油独特的制作方法，设计师专门设计了两款不规则橄榄果形的陶瓷瓶作为外包装，如图 7-30 所示。

◎ 图 7-30　特级橄榄油包装

7.6　复合材料

复合材料是由两种或两种以上不同性质的材料，通过物理或化学的方法，在宏观（微观）上组成具有新性能的材料。各种材料在性能上互相取长补短，产生协同效应，使复合材料的综合性能优于原组成材料而满足各种不同的要求。

复合包装材料是由层合、挤出贴面、共挤塑等技术将几种不同性能的基材结合在一起形成的一个多层结构，以满足某些产品对运输、储存、销售等在包装功能方面的特殊要求。

7.6.1　基材

1. 纸张

纸张的性能、用途及现代包装技术的应用示例如图 7-31 所示。

纸张的价格低、种类全，便于印刷、黏合。用蜡或 PVDC（聚偏二氯乙烯）涂布的加工纸盒防潮纸被广泛应用于糖果、快餐、脱水食品的包装。用 PE（聚乙烯）贴面的纸复合材料也被广泛应用。

纸张的现代包装技术的应用示例有真空包装、气体置换包装、封入脱氧剂包装、干燥食品包装、无菌充填包装、蒸煮包装、液体热充填包装等。

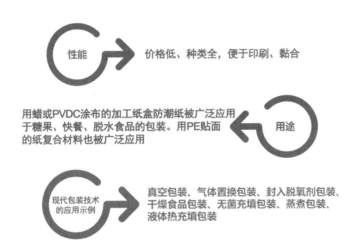

性能 → 价格低、种类全，便于印刷、黏合

用蜡或PVDC涂布的加工纸盒防潮纸被广泛应用于糖果、快餐、脱水食品的包装。用PE贴面的纸复合材料也被广泛应用 ← 用途

现代包装技术的应用示例 → 真空包装、气体置换包装、封入脱氧剂包装、干燥食品包装、无菌充填包装、蒸煮包装、液体热充填包装

◎ 图 7-31　纸张的性能、用途及现代包装技术的应用示例

2. 玻璃纸

玻璃纸是一种以棉浆、木浆等天然纤维为原料，用胶黏法制成的薄膜。其分子链存在一种奇妙的微透气性，可以让产品像鸡蛋透过蛋皮上的微孔一样进行呼吸，这对产品的保鲜和保存活性十分有利。

玻璃纸的性能及用途如图 7-32 所示。

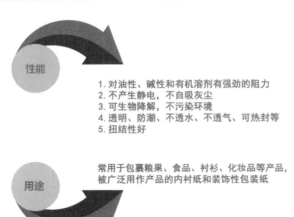

性能
1. 对油性、碱性和有机溶剂有强劲的阻力
2. 不产生静电，不自吸灰尘
3. 可生物降解，不污染环境
4. 透明、防潮、不透水、不透气、可热封等
5. 扭结性好

用途
常用于包裹粮果、食品、衬衫、化妆品等产品，被广泛用作产品的内衬纸和装饰性包装纸

◎ 图 7-32　玻璃纸的性能及用途

3. 铝箔及蒸镀铝材料

铝箔及蒸镀铝材料具有闪光表面和良好的印刷性能；能较好地保持食品的风味，对光、空气、水及其他多数气体和液体具有不渗透性；可高温杀菌，使产品不受氧气、日光和细菌的侵害。

厚度为 6.4~150 um 的铝箔用于复合软包装，且必须为"极软"级；用蒸镀铝代替铝箔可减少铝材消耗。它附着力好，耐折性和韧性优良，部分透明，但必须有另外的基材支撑材料。适合蒸镀铝的基材有玻璃纸、PE 等。

4. BOPP（双向拉伸聚丙烯）薄膜

BOPP 薄膜可以像玻璃纸一样被涂布，也可以与其他树脂共挤塑，生产出具有热封合性的复合材料。

未经涂布的 BOPP 薄膜一般用作复合材料外层的印刷组成部分，其背面印刷可以提供光泽的外表面，并保护油墨不被擦掉；被涂布的 BOPP 薄膜具有良好的阻隔功能和热封合性。

5. BOPET（双向拉伸聚酯）薄膜

BOPET 薄膜的拉伸强度是 PC 膜、尼龙膜的 3 倍，冲击强度是 BOPP 薄膜的 3~5 倍，有极好的耐磨性、耐折叠性、耐针孔性和抗撕裂性等；热收缩性极小，在 120℃下的 15 分钟后仅收缩 1.25%；具有良好的抗静电性。由于具有强度高、耐溶性和耐弱酸碱性，以及耐热和电绝缘性能好等特点，BOPET 薄膜被广泛应用于各种电器设备及仪表中。例如，用作变压器包装薄膜；在感光材料中用来做电影胶片、X 射线软片等；做录音带、录像带的基材和各种物品的包装薄膜。

6. 尼龙薄膜与双向拉伸尼龙薄膜

尼龙与双向拉伸尼龙的潮气阻隔性不好，但阻氧性能较好。双向拉伸尼龙能提高抗拉强度和氧气阻隔性、减小延伸性和降低热成型性，还具有极好的抗戳穿强度。

用尼龙与具有阻隔潮气和热封合功能的材料制成的复合材料，可用作鲜肉及块状干酪的包装。

7. 共挤塑包装材料

共挤塑包装材料成本低、适应性广、易加工。低密度聚乙烯具有优良的韧性和热封性。高密度聚乙烯防渗膜具有隔湿性及加工性。PP（聚丙烯）的取向拉伸可得到高冲击、高劲度性能。乙烯－醋酸乙烯、乙烯丙烯酸、乙烯－甲基丙烯酸等共聚物具有低温热封性，常用作共挤结构的黏结层和热封合层材料。乙烯－乙烯醇为阻隔性聚合物，一般应用于软包装和半硬包装中。

7.6.2 复合包装材料制造技术

1. 湿法黏结层合

湿法黏结层合是将任何液体状黏合剂加到基材上，并立即与第二层材料复合在一起，从而制得层合材料的工艺。

2. 干法黏结层合

干法黏结层合指在涂布黏合剂于基材上之后，必须先蒸发掉溶剂，再将这一基材在一对加热的压辊间与第二层基材复合。

3. 热熔或压力层合

利用热熔黏合剂将两种或多种基材在加压下形成多层复合材料的方法叫热熔或压力层合。

热熔黏合剂：以热塑性聚合物为主的 100% 固体含量的黏合剂。

7.6.3　挤出贴面层合技术

这是一种把挤出机挤出的熔融的热性塑料贴合到一个移动的基材上的工艺。

基材可提供多层结构的机械强度。

聚合物可对气体、水蒸气或油脂进行阻隔。

7.6.4　共挤塑层合技术

共挤塑层合：通过一个模头同时挤出，形成有明显界面层的多层薄膜。常见的应用共挤塑层合技术的示例：平挤薄膜共挤塑、吹塑薄膜共挤塑、共挤塑贴面、共挤塑层合、平挤片材共挤塑。

如图 7-33 所示为牛奶包装，看上去就是一头缩小的奶牛，让人立刻明白厂家用了真牛奶。

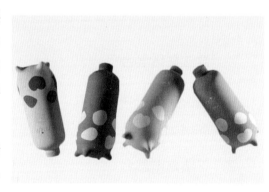

◎ 图 7-33　牛奶包装

第 8 章

包装的可持续设计

8.1　可持续包装设计的概念

3R 原则是减量化（Reducing）、再利用（Reusing）和再循环（Recycling）三种原则的简称（见图 8-1）。

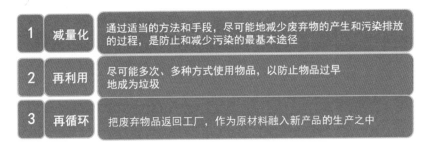

1	减量化	通过适当的方法和手段，尽可能地减少废弃物的产生和污染排放的过程，是防止和减少污染的最基本途径
2	再利用	尽可能多次、多种方式使用物品，以防止物品过早地成为垃圾
3	再循环	把废弃物品返回工厂，作为原材料融入新产品的生产之中

◎ 图 8-1　3R 原则

3R 原则中的各原则在循环经济中的重要性不是并列的。按照 1996 年生效的德国《循环经济与废物管理法》，对待废物问题的优先顺序为避免产生（减量化）、反复利用（再利用）和最终处置（再循环）。

包装的可持续性主要指提高包装中的绿色效率与性能，即包装保护生态环境的效率，提高包装生态环境的协调性，减轻包装对环境产

包装的可持续性：节省材料、减少废弃物、节省资源和能源，易于回收利用和再循环，包装材料能自行分解，不污染环境，不造成公害。

生负荷与冲击的能力。具体地说，可持续包装就是指节省材料、减少废弃物、节省资源和能源，易于回收利用和再循环，包装材料能自行分解，不污染环境，不造成公害。

包装与环境相辅相成：一方面，包装在其生产过程中需要消耗能源、资源，产生的工业废料和包装废弃物会污染环境；另一方面，包装保护了产品，减少了产品在流通中的损坏，有利于减少环境污染。因此，包装的目标就是要最大限度地保护自然资源，产生最小数量的废弃物和造成最低限度的环境污染。

研究产品可持续包装的概念是为了实现对产品包装的正确选用和开发，而最终目标是实现产品包装的合理化。所以，产品包装的合理化理论是研究产品包装使用价值的重要内容。根据产品包装使用价值的理论，产品包装合理化所涉及的问题包括社会法规、废弃物处理、资源利用等。

8.2　可持续的包装材料

可持续的包装材料以绿色材料为核心。绿色材料就是可回收、可降解、可循环利用的材料，对环境无害，或者至少把对环境的负面影响降到最低，尽最大可能节约资源，减少浪费。

（1）在材料的获取方面，无论是从石油中提取的塑料、从金属中提取的墨水，还是用木头做成的纸和用复合材料制成的板材，在提取的过程中都必须做好保护环境的工作，且整个流程必须符合可持续包装的要求。更重要的是，不应该去开采一些珍贵而无法恢复的自然资源，如原始森林。

（2）绿色材料必须是低毒性的，甚至是无毒的。这涵盖了大部分包装设计的过程。在纸张的制作中，在纸张漂白和纸浆制作的过程中会产生一些有害物质；而对于墨水来说，制作过程中产生的大量可挥发性物质尤其令人烦恼，因为这些物质往往是有毒的；对于塑料来说，我们需要考虑塑料材料本身所具有的毒性。因此，必须正确处理这些有毒的废弃物，减少或不使用有毒的包装材料。

（3）绿色材料应是可再生的。可再生能源包括太阳能、风能、生物能和地热能。由于包装的制作和运输需要耗费大量的能源，因此我们需要改进包装材料对能源的利用模式，以减少不可再生能源对环境造成的严重影响。

（4）绿色材料应是可循环利用的。绿色材料必须可以在某种程度上被重新使用，而这也是提高经济效益的方法，企业可通过材料回收来减少废品的产生。例如，从固体废料中找到有价值的金属材料进行二次利用。

如图 8-2 所示为可口可乐的绿色包装。这款饮料中含有蔗糖和不含卡路里的甜叶菊提取物。该产品最大的亮点是其引人注目的绿色商标和独特的包装瓶——这种包装瓶的 30% 由植物材料制作而成，并能够百分百进行回收，非常环保。

◎ 图 8-2　可口可乐的绿色包装

（5）绿色材料应该是有机材料。有机材料往往可降解、可循环利用，是一种理想的绿色材料。有机材料能够提示消费者自觉处理废料，如用来照料自己的花园；有机材料还能为企业提供新的发展思路，如有些企业把废弃包装作为自己的品牌与其他品牌的区别点——这是提高品牌辨识度的好方法，同时能获得那些重视绿色环保的客户的青睐。虽然有些企业还不能让包装完全采用有机材料，但是已经开拓了有机包装材料的市场。

8.2.1　有机材料

1. 竹子

竹子外形笔直、挺拔，质地坚硬，具有很好的柔韧性，生长迅速。将竹子用作包装材料的优势在于：首先，经过处理的竹子可以长久保存而不变形、变质，竹质包装可重复利用，生命周期很长，使用后的竹质包装通常会被赋予新的用途，即使被丢弃，也很容易被降解；其次，竹子本身的特点使其成为一种良好的材料来源，由于竹节是中空的，可以作为天然的包装盒，且灵巧轻便，而竹条可以进行编织，竹叶可以用来包裹；最后，竹子具有优美的纹理、纯天然的色泽、清新的香味，因而，用竹子做的包装往往会显得独具匠心。

图 8-3 所示为用竹筒做的鞋盒。设计师在竹筒的两头还巧妙地加上了两个小画册——既可以作为盒盖，又能教大家怎么使用这个竹筒，非常有意思。

◎ 图 8-3　竹筒鞋盒

2.　有机作物

以有机作物为原料可以保证包装材料纯天然、无毒无害，且对环境不会造成污染。例如，用玉米塑料这种有机材料制成的生活用品和工业品都能够在使用后完全降解成二氧化碳和水。在 2005 年的日本爱知世博会上，日本的企业展示了用玉米塑料制成的一次性餐盒、饮料杯、食品包装袋、托盘等从生产、使用到降解的全部过程。

除玉米外，其他快速生长的植物、农作物的副产品，如香蕉皮、甘蔗渣，也能成为不可降解材料的替代品。农作物的废料常常会被焚烧掉，这不仅增加了造成温室效应的气体的排放，而且是一种资源浪费。用一些农作物的果壳之类的"废料"制成包装，如制作成包装纸，既实现了对资源的有效利用，也打开了一个新的并且十分具有竞争力的市场，因为我们有非常多的这种"废料"。从市场的角度来看，使用这些所谓的"废料"制成的包装纸能为产品提供良好的商机，如一个香蕉皮制成的纸箱更具有新鲜感和独特性。另外，一些植物，如棕榈、洋麻，生长速度快，且不需要太多的养分和水，也是很好的包装材料。

某化妆品品牌为迎接地球日推出了一款口红。这款口红采用的玉米塑料包装是可完全降解的，如图 8-4 所示。

◎ 图 8-4　口红的玉米塑料包装

8.2.2　木质材料

木材是一种坚固的材料，能重复使用，可作为鱼、新鲜水果和蔬菜的包装。木材应用广泛，在包装方面的用量仅次于纸。木材具有很多其他材料无法比拟的优越性。首先，木材机械强度大，刚性好，耐用，负荷能力强，能对产品起到很好的保护作用，能包装精致小巧的产品，同时也是装载大型、重型产品的理想包装。其次，木材弹性好，可塑性非常强，容易被加工、改造，可被制成多种不同的包装样式，也可达到多种造型要求，从厚实的板条、较薄的胶合板，到十分轻巧的薄木片，无论是方形的、三角形的、圆形的，还是不规则形状的，也无论是天地盖的、翻盖的，还是抽板的，只要是能设计的，几乎都可以做到。最后，木材包装可被多次回收利用，即使成为废品，也可进行再利用。另外，木材包装带有淳朴的纹理和天然的色彩，无须进行过多的外观设计就具有很好的绿色环保形象。

当然，木质材料也有不足，主要是易燃，长期使用后易变形、易被蛀蚀；大型木板箱大多不可折叠，易吸湿，不能露天放置，从而给贮藏和运输带来许多不便；生产机械化程度也不高。更重要的是，木材资源日渐缺乏，亟须加以节约和保护。

1. 盒装设计

木盒可用于运输散装和小包装的食品，能为产品的保存提供较好的条件。小型木盒因其厚重的质感、精细的做工、考究的用料、精美的外观和多样的造型，经常被应用于高档消费品的包装，如茶叶、酒品、保健品、化妆品等，是一种具有很好的观赏性和应用性的包装形式，并且很容易被消费者收藏或再利用。

由于原木的价格偏贵，为了节约成本，现在木盒多以胶合板、中密度纤维板来代替原木，既节约了成本，又获得了不亚于原木盒子的质量。

高品质蜂蜜包装如图8-5所示。木质外观的蜂蜜盒使用框架套嵌，并巧妙地展示出蜂巢的轮廓结构，直观地阐明了产品性质，诠释出蜂蜜的"天然"性。

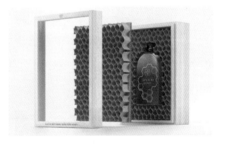

◎ 图8-5　高品质蜂蜜包装

2. 板条箱设计

板条箱灵活性很大，能根据实际情况进行变化。板条箱通称围板箱，是一种可拆卸木箱，其长、宽是根据底部托盘的大小来确定的，托盘大小、使用的木板层数可根据产品的大小、高度来确定，应最大限度地提高箱体空间的利用率。板条箱不会因为箱体的部分损坏而导致整个箱体报废，只要是同一尺寸的木板，就可实现互换修补，这样可以在很大程度上解决木箱包装的浪费问题，节约木材资源。板条箱在运输时可将围板折叠为双层或四层相连的木板摆放在托盘上，这样就大大地减小了储运体积，能有效地降低运输成本。图 8-6 所示的蜂蜜包装就是一个很好的示例。

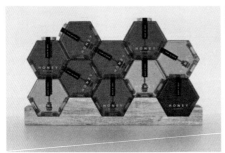

◎ 图 8-6　蜂蜜包装

3. 木桶设计

木桶，指木质桶状容器。在包装领域，木桶主要用于葡萄酒类的包装，一般选用 20 年以上的橡木为制作材料，以达到密封、保持酒的质量的目的。某公司为了纪念公司成立 4 周年特发售了纪念版 T 恤。每件 T 恤都被装在了桦木木桶中，木桶表面的"4"为激光雕刻而成，如图 8-7 所示。

◎ 图 8-7　纪念版 T 恤包装

8.2.3　纸质材料

纸质包装是包装发展的趋势，各种纸和纸板的需求量逐步上涨。纸质包装是 100% 可回收利用的，而可再生和可降解使之成为一种可替代市场上其他包装材料的环保材料。但纸在生产过程中也会给环境造成污染，尤其是水污染，同时会消耗木材。世界上纸的大量使用不得不让我们意识到这些问题。在环保层面，我们应该采取措施对纸的生产过程进行处理，从而早日实现无污染化；在资源层面，我们需要促进废纸收集系统的效率，这样不仅能减少能源的消耗和对森林的破坏，而且纸板的回收还能大大减少焚烧和填埋的压力。例如，由奥地利加工的糖果纸盆，采用经涂料处理过的防油纸，替代了以往的铝箔内衬，这样一年可节省 8 吨铝铂。

荷兰设计师设计了一款名为"R16"的管状 LED 灯具，该灯具的外壳同时起到了外包装的作用，从而减少了废弃物的数量，如图 8-8 所示。

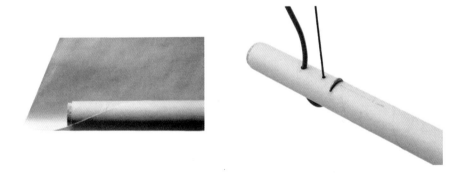

◎ 图 8-8　"R16"管状 LED 灯具

现在有一种新的造纸技术——石头纸造纸技术，原理就是将石头的主要成分碳酸钙研磨成超细微粒后吹塑成纸。这是一种以地壳内最为丰富的矿产资源碳酸钙为主要原料，以高分子材料及多种无机物为辅助原料，经特殊工艺加工而成的一种可逆性循环利用、具有现代技术特点的新型造纸技术。石头纸在生产过程中无须用水，也不需要添加强酸、强碱、漂白粉等化学材料，比传统造纸工艺省去了几个重要的污染环节，从根本上杜绝了因产生"三废"而造成的环境污染问题。同时，石头纸的成本比传统纸张低20%~30%，价格低10%~20%。

8.2.4　可食用材料

如何才能减少包装的浪费和污染？最好的办法当然就是"吃掉"它们。创意设计工作室设计出一款可降解、可食用的一次性杯子。这些可食用的一次性杯子由一种琼脂制成，有多种口味，如有迷迭香味的，还有甜菜味和柠檬味的。当然，如果不想吃，即使把杯子随意地丢掉也没关系，因为它会很快降解，里面的琼脂还会帮助植物生长。这种一次性杯子的技术还将会被运用到制作可降解的塑料中。日本制作出了一种用豆浆为原料，经加热成型的包装，该包装不仅可食用，而且质量良好，表面光滑且有美丽的纹理，甚至能在高温条件下保存3个月而不变质。

此外，现在还有用竹纤维与食品胶、面粉混合制成的碗、盘、筷子、勺、杯子、饭盒、一次性快餐盒等环保餐具，不仅可以作为日常生活用具，还可以食用。如今，饿了吃碗不再是笑话了。

总之，随着包装技术的革新，可食用包装材料纷纷上市。世界上已有的10种可食用的包装材料，如表8-1所示。

表 8-1　世界上已有的 10 种可食用的包装材料

序号	名称	特点
1	大豆蛋白可食性包装膜	既能保持水分，又能阻止氧气进入，还能确保脂肪类食品保持原味、食用后营养价值高，同时易于处理，完全符合环保要求
2	壳聚糖可食性包装膜	主要用于果蔬类食品的包装，厚度仅为0.2～0.3mm；用该包装膜包装去皮的水果，有很好的保鲜作用
3	蛋白质、脂肪酸、淀粉复合型可食性包装膜	可根据不同需要，将不同配比的蛋白质、脂肪酸和淀粉结合在一起，生成不同物理性质的可食性薄膜
4	耐水蛋白质薄膜	适合于覆盖膨化淀粉食品，是一种可代替泡沫聚苯乙烯的新型包装材料，其强度与普通食品包装用的合成薄膜相当。因为它的主要成分为玉米，所以具有生物分解性能，不会污染环境
5	以豆渣为原料的可食性包装纸	除可用于一般的食品的包装外，最适合作为快餐面调味包的包装——用热水一泡便化了，不用撕开包装，不仅方便，而且有一定的营养价值
6	可食性包装容器	主要用于土豆片的包装。在试制过程中，模仿土豆片的加工工艺，添加不同口味及不同风味的调料，以满足不同消费者的喜好
7	玉米蛋白质包装膜	主要用作快餐盒和其他带油食品的包装及涂层，由纸与玉米、蛋白质合成，不会被油脂透湿，被放入油锅煮沸也不会变质
8	虫胶片和蛋白质涂层包装纸	无毒，易于处理，且可承受一定的温度和水分的侵蚀
9	玉米淀粉海藻酸纳及壳聚糖复合包装膜（纸）	这两种包装膜（纸）可用于果脯、糕点、方便面汤料和其他多种方便食品的内包装，具有较好的张力和延伸性，以及很好的耐水性
10	生物胶涂层包装纸	由这种涂层包装纸制成的容器可用于包装快餐食品，或包装要求承受一定温度和水分的食品。它是利用特制的淀粉胶及骨胶，配以一定量的添加剂，将制得的胶料涂于纸表面而得到的耐水、耐油的涂层包装纸

8.2.5　可降解材料

可降解材料是一类能完全被自然界中的微生物降解的材料，其最理想的效果是能被完全分解成水和二氧化碳，对环境完全无毒无害。

1. 甘蔗渣

甘蔗渣是甘蔗的副产物，如果没有得到合理的利用，就会成为污染环境的固体废料。其实，甘蔗渣作为一种不太昂贵的能量原料，完全可以回收利用。甘蔗渣用途广泛，不仅可作为燃料，而且经处理后能作为牲畜的饲料，经压模成型后能制成快餐盒。除此之外，由于其富含纤维，因此还可以用来造纸。

2. 未经漂白的纸

在将原料由可再生资源制成纸的过程中，漂白是造成污染的主要环节之一。由于漂白过程中混入的"氯"有很大的毒性，因此要坚持"无氯"，或者使用二氧化氯来代替氯，从而减少有害的副产品。用于制造未经漂白的纸纤维的木材原料来自可持续的生态森林，有些未经漂白的纸板箱更是全部采用了回收而来的纸或纸板制得的浆。

某公司为消费者提供自然、健康的食品送货服务，如图8-9所示，这个折叠盒子构成了一个独特的产品运输安全保障结构，减少了工人整理、搬运的时间，方便消费者携带及使用，而可放平的设计也可以使其作为食用食品时的餐垫；包装材料无污染，可以进行自然降解，更为巧妙的是，该食品包装内设置了隔离饭食的区域，可避免口味混淆。

◎ 图8-9　可降解食品包装

8.2.6　可回收材料

可回收材料可减少包装污染和解决垃圾焚烧、填埋问题。可回收材料具有更长的生命周期，能发挥更大的价值，能得到更多、更全面的利用，从而缓解资源紧张的问题，提高资源利用率。

可回收材料包括可以回收利用的纸、硬纸板、玻璃、塑料、金属等。回收利用是包装体现其作为产品的属性的起始点，也是包装走向新生道路的"重生"点，而利用可回收材料进行设计的包装设计师是赋予包装新生命的创造者。

1. 纸板

回收纸不仅可以节约水和电，还可以减少二氧化碳的排放。用于包装的纸板主要是箱纸板和白纸板，坚固、耐用。

2. 瓦楞纸

瓦楞纸是一种应用广泛的包装材料，可以用于小型包装，也可以制成大型纸箱。瓦楞纸是由挂面纸和通过瓦楞辊加工而形成的波形的瓦楞纸黏合而成的板状物。瓦楞纸具有许多独特的优点，如轻便、牢固、利于装卸运输、包装作业成本低、可回收利用等。当然，虽然瓦楞纸可回收利用，属于绿色环保产品，但由于其主要原料是木材，所以也要注意森林资源消耗的问题，因而需要新技术来进一步提高其回收率和资源利用率。目前，用于运输的瓦楞纸箱的销售量开始下降，而那些具有较高强度、良好广告宣传功能，并且印刷精美的瓦楞纸箱的需求量与日俱增。

三星手机的环保包装盒如图 8-10 所示，该包装采用了 100% 可再生环保纸，并采用大豆油墨印制（以大豆油为材料所制成的工业印刷油墨，是一种环保的油墨），可循环利用率为 100%。

◎ 图 8-10　三星手机的环保包装盒

3. 玻璃

玻璃的主要成分是二氧化硅，在自然环境下，需要 100 万年的时间才能彻底分解。但玻璃易于清洁灭菌，便于回收利用，并且每回收一个玻璃瓶所节省的能量能够让个 100 瓦的灯泡亮 4 小时。

回收后的玻璃有两种用途：一是仍作为玻璃制品的原料；另一种是被加工转型为其他形式加以重新利用，如粉碎成小颗粒或研磨成小玻璃球，或者制成玻璃纤维。虽然第一种重新制成的玻璃品的质地往往不是很好，如含有金属、陶瓷等杂质，颜色不纯等，但只是降低了其观赏性，并不影响其功能，并且，随着技术的不断发展，对玻璃的回收利用能力也在不断提高。

纯天然果汁产品包装如图 8-11 所示，其健康的有机生物食品视觉元素包括标签设计和新的玻璃容器的设计，体现了健康、友好的生活方式。

◎ 图 8-11　纯天然果汁产品包装

8.3　可持续包装结构的设计方法

8.3.1　包装结构的优化

1. 内部结构的简化

简洁而设计合理的包装，其内部结构不但能够保护产品，具有一定的装饰作用，而且能够节约包装材料。内部结构的展开形式应当尽可能地呈方形，因为印刷成品容易造成材料的浪费。

提及包装内部结构的简化，我们往往会以国内的月饼包装为例。之所以能想到它，不是因为其包装内部的简洁，而是因为其繁复的包装已成为过度包装的典范，那些多余的结构既浪费材料又增加了成本。针对包装内部结构，设计师在设计时就应当考虑包装成本与内装产品价值之间的关系，在满足保护产品、方便运输等基本要求的前提下，应当尽量简化内部结构——除必要的个体包装、分割性结构外，应减少包装材料的消耗和加工制造的工序，以有效降低包装的成本。

内部结构的简化还可以体现在结构的功能化方面。袋泡茶全新概念设计如图 8-12 所示，这个全新的袋泡茶包装以"移动"为主题，解决了在袋泡茶泡饮当中遇到的各种实际问题，减轻了用户负担，让整个袋泡茶的使用过程变得轻松、愉快、简便。

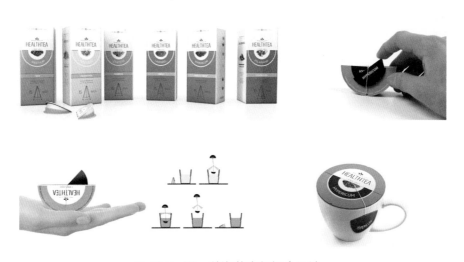

◎ 图 8-12　袋泡茶全新概念设计

2．外部结构的简化

外部结构的简化就是将包装的外部结构进行简化，要求在设计中体现"更少、更好"的深刻内涵，其核心就是包装外部结构的"恰如其分"，即在不影响包装物理机能的前提下简化结构内容，除去干扰主体的不必要的结构，删除可有可无或烦琐的结构形式，减少无谓的包装材料、生产能源消耗，从而减轻包装自重、方便运输分流、控制包装垃圾，在精简与不影响基本功能两者间寻求平衡，使包装兼具美观和环保双重特性。

简化包装的外部结构有很多方法，最主要的方法是采用接近几何体的包装。现今，市面上大部分产品包装的外部结构都较为简洁，一般采用长方体、圆柱体等简单的几何形体。采用这些形体有多方面的原因，如方便运输和陈列、所需的原材料相对较少等。简洁的外部结构不仅能节约成本、资源，具有一定的经济效应，还能方便使用。

8.3.2　包装结构的简易化

1. 运用编织技术的包装

自古以来，编织就与包装有着紧密的联系。在远古时代，人们就懂得利用叶子、树枝、藤条等编织成类似现在使用的篮、篓、筐、麻袋等物来盛装、运送食物。这样的篮、篓、筐、麻袋等都是用韧性很强且结实的取自自然的材料来进行简单编织的，上面没有多余的琐碎细节，表现出自然材料特有的质朴感，且食物放置于其中不易变质。从某种意义上来说，这已经是萌芽状态的包装了。这些包装遵循对称、均衡、统一、变化等规律，极具民族风格、多彩多姿，不但具有容纳、保护产品的实用功能，还具有一定的审美价值。

编织而成的包装具有以下优点：编织材料廉价且能够广泛使用；编织材料能够降解，对环境无害；在某些特定场合，尤其是为了迎合中等消费市场，编织包装能够给人以传统的、质量优良的感觉。

当然，编织包装也有一些缺点，如防潮性较差、不能防止一些昆虫的进入或微生物的滋生，因此编织包装不适合用于长时间的储存。

编织手法多种多样，运用编织技术的包装可根据编织手法的不同形成多变的造型、纹样与效果。下面介绍几种较为常用的编织手法。

（1）平编：编织平面的主要方法。其特点是经纬交织，互相穿插掩映，可以挑一压一，也可以挑二压二、挑一压二、挑二压一，从而形成不同的交叉编织纹样。

（2）绞编：以经纬交织为主要特点的编织方法。它和平编的不同之处在于经编方面，平编的经纬相同，同时动作，往前编织；而绞编则先编排好经桩，经桩可以是绳、条子、竹竿甚至铁丝，然后以编条（柳条、槐条）交叉，上下穿行于经桩上下，循环绕行。编成后，其表面全为纬编所掩盖，不露经条。绞编要求编纬的条子比较柔软，有韧性，故常用蒲草、细柳、桑条等。

（3）勒编：传统的柳条编织方法。用勒编做成的器物一般称为"系货"。其方法是以麻绳作经，以柳条作纬，麻绳互相交错穿过柳条，穿一次，绕扣勒紧一次。像簸箕、箩筐、柳条包等均以此法编结主体部分。勒编器物的边缘常需另行编板、把、框子，以使边缘整齐，不散落。

（4）砌编：传统手工编织的常见工艺之一。采用砌编工艺编织的器物一般称为"砌货"。该方法多用于圆形器物的编织，具体方法是先将编织材料聚合成把，然后用较结实的篾片将这些成把的材料穿起来。民间常用的墩子、饭篓、纸篓等均用此法做成。

（5）缠边：主要用于条编器具的边沿、把手部分，作为条编的辅助方法必不可少。缠边多以坚硬的材料为芯，在芯的外面用柔软的条子（藤皮、塑料带、篾皮等）按一定的方向缠绕，一方面可固定芯，另一方面可作为装饰。缠边可以用单条或多条。单条排列整齐，效果朴实大方；多条可以用各种色彩的材料编出花纹图案。

　　环保编织袋包装如图8-13所示，该编织袋是采用竹纤维代替塑料而制成的，足够容得下一个饭盒，底层的笑脸设计使得整个包装更加有趣。值得注意的是，该编织袋的手提带同样使用环保材料，采用螺旋式的设计，宽度适宜，从而减少了因长时间携带而产生的不适感。

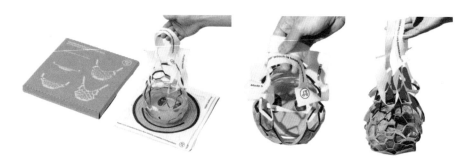

◎ 图8-13　环保编织袋包装

2. 包裹布的使用

　　提及包裹布的使用，我们一定会联想到影视剧中经常出现的场景：古代人习惯将物品用包裹布包起，随身携带。如今，包裹布已很少见，被其他的包装形式所取代。

　　在日本，包裹布仍然是一种日常使用的包装形式，人们通过将一块四方的布匹折叠、打结，衍化出许多既美观又实用的包装方式。在日本，包裹布称为"风吕敷"。众所周知，在答谢或问候亲朋好友的时候，日本人喜欢赠送一些礼品，而这些礼品根据场合的不同，或大或小，或轻或重，形态各异，但无论什么样的礼品，大多数都用精美的包装包住，而往往最普遍的包装用具就是"风吕敷"。日本人还根据包裹物品的不同形态发明出不同的包装方法，使一块普通的四方布呈现出许多不同的包装效果。

"风吕敷"包装如图 8-14 所示。日本直岛上的某商店毗邻直岛艺术区，而直岛上住了很多流浪猫，于是设计师就以这些猫为卡通形象创造了这个系列的"风吕敷"。

◎ 图 8-14 "风吕敷"包装

3. 一纸成型的包装

45% 左右的产品包装采用纸质材料，主要以纸盒造型为主。纸盒包装的优点是轻便、有利于加工成型、运输携带方便、便于印刷装潢、成本低、容易回收。选用纸质材料，可充分发挥纸张良好的挺度与印刷适应性的优势，可通过多种印刷和加工手段再现设计的魅力，从而增加产品的艺术性和附加值。

纸盒包装的基本成型流程是印刷、切割、折叠、结合成型。许多纸盒都是将一张纸切割、折叠而成的，而非粘贴而成的。这种由一张纸成型的包装称为一纸成型包装。

一纸成型包装在我们的日常生活中可谓随处可见，市面上大部分的包装纸盒都是一纸成型的。当我们在面包房购买糕点时，店员先将蛋糕从冰柜中取出，放置在一张已经裁剪好的纸上，接着，将四面折起形成盒子，再通过纸盒的锁扣设计将盒子封口固定，这样，一个带有提手的盒子便完成了。当我们在快餐店购买外带食物时，店员也会将食品放入已经折叠好的纸盒中，只需盖上纸盒的两面，并且将另外两面套锁固定便完成了。这样的纸盒也是一纸成型的。

常见的一纸成型包装可分为摇盖式、套盖式、开窗式、陈列式、姐妹式、抽拉式这几种。

4．赠品包装

当今市场的竞争日趋激烈，同行业同类产品日新月异，很多厂商为了占据市场，运用了许多促销手段。例如，买一送一，以买一件大包装的产品送一件小包装的产品或礼品的方式来吸引消费者，使之产生购买欲望。这种促销形式在超市、商场比比皆是，虽然这种促销形式能够促进销售，但所需的产品包装随之也增加了，成本也随之提高了许多。因此，从降低包装成本、节约材料的角度考虑，厂商可以对包装结构进行适当的改进。

将两个以上独立的个体包装设计成具有共享面的连体包装，将产品包装同赠品包装的独立结构连接起来，设计成连体的单个包装，这样可以节约两个面的材料。这一方法尤其适用于纸质包装。

8.3.3　包装材料的少量化

1．轻质材料

在由瓦楞纸板做成包装的过程中，会涉及许多步骤，在生产过程中的每一个步骤的进展可能不尽相同。在大多数操作过程中，所有的步骤都在冲切机处完成。冲切机是一个平板的或旋转的操作台。

折痕或刻痕是在瓦楞纸板上压制出的痕迹，这些痕迹能使瓦楞纸板根据需要沿着一条直线折叠。

插槽是在平板的纸面上刻成的，既为折叠提供了一个独立的平面，也创造出一个间隙，从而使一个平面能够与另一个平面连接。

模切技术经常用于切割包装盒体，也往往用于开槽、折痕及切割瓦楞纸外缘等。

酒店产品形象包装如图 8-15 所示，设计师将简约、朴素的设计理念融入这款洗浴用品的包装设计之中，创造出一种简单、实用的形象。

◎ 图 8-15　酒店产品形象包装

2. 次原料纸浆模塑

纸浆模塑作为一种典型的绿色包装，它的原料、产品及生产过程都是绿色环保的。纸浆模塑包装以纸纤维为原料，所产生的废料也是可以回收利用的，这不仅减少了原料的使用，还降低了对环境的污染，并且在一定程度上缩减了开支。

纸浆模塑包装是先将木纸浆或芦苇、麦秸、稻草等一年生草本植物纤维纸浆经碎浆和净化，加入适量的无毒化学剂以阻油、阻水，再通过成型机在一定形状的模具上成型（模内注浆挤压成型或真空吸附成型），最后经过干燥、整型、定型、切边、消毒等工序制作而成的。

纸浆模塑包装按生产工艺和用途的不同分为粗制品和精制品。纸浆模塑即通常所说的"一面光产品"，多数西方国家从 20 世纪 60 年代开始生产，用作蛋托、水果托，而后用作电子、机械仪表等的内包装材料。我国于 1986 年研制出第一条国产纸浆模塑包装生产线。随着科学技术的发展、生产设备的完善、结构设计的进步，纸浆模塑包装逐渐从单体的形式向组合包装的形式发展，这也使纸浆模塑包装的应用更为广泛，已经在农业、快餐容器、医疗应用等领域使用。

极简主义风格包装如图 8-16 所示，这种极简主义风格的产品为目标群体展现了一种新的生活方式，并满足其需求，可用于许多不同的领域。

◎ 图 8-16　极简主义风格包装

8.4　包装废弃物的回收利用

可回收的包装设计，就是运用可持续标准的设计。在试图确定新的可持续包装设计战略框架时，需要先评估所涉及的所有变量，并确定它们是如何对整体的设计框架进行定义的，这非常重要。在包装的生命周期中，哪些时期更具有可持续的意义？或者说，可持续的标准在哪些时期具有更重要的作用？这个话题涉及包装生命周期的上游作用和下游作用的概念。上游指的是用户拿到包装之前的所有过程，包括材料提取、生产和运输相关的能源使用、劳动力和生态浪费等。下游指的是消费者在使用包装后经历的所有过程，包括废弃、填埋和焚烧等。

不可持续的包装不仅不利于缓解上游的问题，还会增加下游的问题。如果在包装中使用了有害的污染物，如漂白剂、重金属、油墨和塑料等，这些有毒的成分就会一直存在。要想解决这个生态问题，必须在上游减少有毒物质，这样才能减少下游的有毒物质的产生。同样，如果刚开始就使用了更多的可以重新利用的材料，就可以减少其他需要使用的材料，同时缓解下游的压力。因此，减少上游作用比减少下游作用更具有可持续性的意义。这样不仅可以通过设计出需要更少材料的包装或使用无毒的材料来实现，还可以通过从一开始就设计出可重复利用的材料来实现。其中，保持制作过程的独立和材料的单一是设计可重复利用包装材料的关键。

包装设计要牢记回收，就要着眼于包装的整个生命周期。例如，惠普公司用激励用户参与的方法来实现包装回收。2004 年，惠普公司把预付邮费的信封作为墨水盒的包装，让用户把使用过的墨水盒邮寄过来而不需要找信封和承担运输费用。这个简单的步骤提高了用户在包装回收中的参与度。惠普公司每天能收到许多墨水盒，数量比以前网页活动时一个月收到的还要多，而这个回收成果可以每年减少 45 吨废品。

作为大型家电产品制造商，伊莱克斯公司每年都需要消耗大量的塑料制品。为了响应环保的号召，他们发起了海洋塑料垃圾回收活动，呼吁人们关注海洋生态环境，唤起公众的环保意识。与此同时，伊莱克斯公司将收集来的塑料垃圾进行重新利用，制成了一款限量版的拥有五彩斑斓外壳的吸尘器。其中的彩色部分由回收塑料直接压制成型，避免了二次加工带来的污染。这款吸尘器 70% 的原材料来源于回收塑料，从而最大限度地将塑料垃圾变废为宝，不仅节约了资源，还打开了新产品的大门。

世界上有许多国家制定了减少包装和关于包装废弃物回收利用的法律。欧盟对产品的生产有严格的"回收"规定，其他国家如韩国则把回收责任赋予消费者，通过收取废弃物处理费来鼓励消费者更多地使用包装较少的产品。

8.4.1 再生纸箱

　　纸箱、纸袋、纸桶等成为现代包装的重要组成部分。纸包装由于具有重量轻、易加工、成本低、废弃物易回收处理等性能，广泛运用于运输包装和系统包装中。中国造纸协会在官网发布的《中国造纸工业 2020 年度报告》数据显示，2020 年，全国共有纸及纸板生产企业约 2500 家，全国纸及纸板生产量 11260 万吨，同比增长 4.60%；消费量 11827 万吨，同比增长 10.49%。每年有如此大量的纸和纸板用于包装，且呈递增趋势，与此同时产生了越来越多的纸包装废弃物。根据 LeA 技术分析，有效利用这些废弃物，无论是对于资源，还是对于环境，都具有非常重要的意义。

　　一般的纸浆制造过程需消耗大量的能源、化学品、水等，更严重的是会造成环境污染，而治理污染则需要大额的投资。而运用 LeA 技术对其进行分析，这个过程成本太高、污染太大，需要改进。LeA 技术中的绿色包装设计的使用主要包括回收、再循环、废弃物处理等方面。纸包装废弃物回收利用具有如图 8-17 所示的 3 个意义。

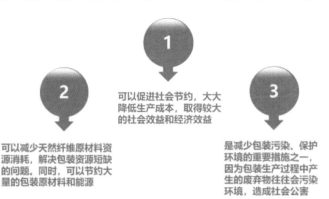

◎ 图 8-17　纸包装废弃物回收利用的 3 个意义

纸包装废弃物的综合利用是防止环境污染的基本原则和重要措施，也是解决包装污染问题最积极、最有效的方法。包装废弃物的回收利用既能保护环境、防止造成社会公害，又能解决包装资源短缺的问题，因此应积极开展纸包装废弃物的回收利用，寻求更好地改善环境的途径。

环保时尚手提鞋盒如图 8-18 所示，该鞋盒的内部硬纸板盒使用 100% 再生纸制成，这样相比传统的鞋盒，每年能节省许多纸张、水、燃料等。值得注意的是，提袋成为包装盒的一部分（成为纸盒的上盖），这样既节省纸张，销售时也不需要另外提供袋子，而且手提袋还能反复使用，当作购物袋也很好。真是一个环保的好创意！

◎ 图 8-18　环保时尚手提鞋盒

8.4.2　食品包装回收堆肥

开发、生产和销售一系列可堆肥的食品包装，将使市场能容纳更多的处理器，人们可以此实现从传统包装向环保包装的转变。

堆肥是指利用多种微生物的作用，使植物有机残体矿质化、腐殖化和无害化，使各种复杂的有机态的养分转化为可溶性养分和腐殖质。制作堆肥的材料包括不易分解的物质，如各种作物的秸秆、落叶等；也包括促进分解的物质，一般为含氮较多和富含高温纤维分解细菌的物质，如草木灰、石灰；还包括吸收性强的物质，如在堆积过程中加入的少量泥炭、过磷酸钙或磷矿粉——它们可防止和减少氨的挥发，提高堆肥的肥效。

可堆肥的食品包装一般指以植物为原料而制作成包装材料的包装，如有机作物材料及生物塑料包装。英国某零售公司推出的有机生菜沙拉采用了艾玛克公司的可堆肥薄膜包装。该零售公司的包装部经理曾说："食品包装对于客户来说是非常重要的，它可以影响消费者的购买决策。艾玛克公司的可堆肥薄膜可以满足客户的需要，并实现可持续性目标，同时不损害保存期限和密封性能的要求。"如今，90%的该零售公司的有机新鲜产品都采用了可堆肥、回收或可再循环的包装材料，这意味着该零售公司向实现减少一半的消费者家居废弃物的目标又迈进了一大步。

堆肥是包装在不可回收利用的情况下，对包装的最终处理，是一个包装在"物尽其用"后可持续性的终结——以肥料的形式回归自然。

8.4.3 可降解塑料袋制品

可降解塑料袋一般指生物塑料袋。

要提倡用生物塑料来改革塑料包装。生物塑料利用的是可再生资源，具有可再生性，这种环保特性使其很快成为石油塑料的替代品。生物塑料的原料来源十分丰富，全球60亿人所需的农作物产生的大量的副产品为生物塑料的发展提供了巨大的可能。

例如，以玉米为原材料的聚乳酸有非常多的用途（从坚固的包装到薄薄的胶片），且可以被有效地处理（在几个月里完成降解）。

生物包装和石油包装一样，在回收中也会存在这样一个问题，就是可能被其他接触到的材料所污染，如塑料、纸板、金属线和结合剂等。由于设计师很少考虑到这些，导致很多塑料包装都不能被回收，而塑料隔离的花费又太高。塑料废品回收机构应该向设计师提供包装设计过程中所需要的回收信息，从而使废品回收机构能够有效地收集，并提高成功率。在塑料包装的设计上，设计师还可以标记上适当的符号，让想要回收利用的人知道如何去做才能使塑料能够比较容易地分解。

生物塑料还存在一些其他问题：现阶段生物塑料的价格比普通塑料要高两三倍，这阻碍了此类材料的迅速普及，不过，一旦生物塑料进入批量生产阶段，成本就可大大下降；生产生物塑料会产生二氧化碳，从而导致全球变暖；生物塑料所采用的原材料是农作物，为促进发酵，生产商采用的往往是转基因农作物，而目前人们对转基因材料的安全性还存在疑虑，并且回收利用这种塑料也存在一些缺陷；虽然消费者对生物塑料的使用意识日益增强，但多数消费者还不懂得如何辨别这些材料，对生物降解材料的最佳处置办法也了解甚少，因此加强宣传很重要。

第 9 章

包装设计中的工艺技术

9.1 包装的 8 种基本工艺

包装工艺（这里主要以纸箱为例）种类繁多，根据施行阶段可分为印前工艺、印中工艺和印后工艺（见图 9-1）。

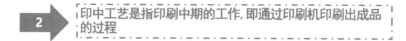

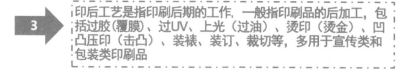

◎ 图 9-1 包装工艺阶段分类

彩箱生产的印前工艺一般由设计师、排版师、制版师完成，而印后工艺一般都在工厂中完成。彩箱生产工艺流程如图 9-2 所示。

晒版：在网版、PS版、树脂版表面涂上一层感光膜并烘干，将有图像的胶片覆盖在上面，用强光照射胶片，使胶片上的图像曝光影印到版材的感光膜上，这个曝光影印的过程俗称晒版。

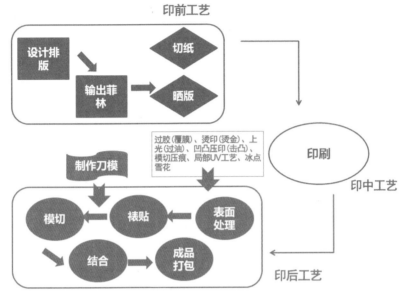

◎ 图9-2　彩箱生产工艺流程

9.1.1　晒版

在网版、PS版、树脂版表面涂上一层感光膜并烘干，将有图像的胶片覆盖在上面，用强光照射胶片，使胶片上的图像曝光影印到版材的感光膜上，这个曝光影印的过程俗称晒版（见图9-3）。

◎ 图9-3　晒版

印刷：将文字、图画、照片、防伪等原稿经制版、施墨、加压等工序，使油墨转移到纸张、纺织品、塑料品、皮革等材料的表面上，批量复制原稿内容的技术。印刷是彩盒生产的关键工序。

设计师设计完成后会由制版师来分色晒版。行业内现在基本上都采用计算机直接制版，单色单张版成本大概 25 ~ 40 元（具体要看面积大小），一套四色版成本为 100 ~ 160 元，二者均为一次性版，即完成一次量产后，下次生产需重新制版。

9.1.2 切纸

原纸一般为卷筒纸，也有的为大度纸和正度纸，所以使用时要裁切成合适的大小。

白卡纸或白板纸常用的规格为大度纸和正度纸，若需求量特别大，则可以购买定规纸，即定制特定规格的纸张，但这种情况非常少见。我们在设计的时候，要学会刀模拼版，尽量使用大度纸或正度纸，以减少浪费。

9.1.3 印刷

印刷是指将文字、图画、照片、防伪等原稿经制版、施墨、加压等工序，使油墨转移到纸张、纺织品、塑料品、皮革等材料的表面上，批量复制原稿内容的技术。印刷是彩盒生产的关键工序。

除选择适当的承印物（纸张或其他承印材料）及油墨外，还要选择适当的印刷方式。印刷种类有很多，主要分类方法如下。

（1）根据印版上图文与非图文区域的相对位置对印刷方法进行分类：常见的印刷方式有凸版印刷、凹版印刷、平版印刷及孔版印刷 4

种（见图 9-4）。

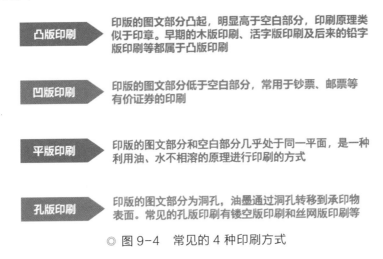

◎ 图 9-4　常见的 4 种印刷方式

（2）根据印刷机的输纸方式对印刷方法进行分类：平板纸印刷又称单张纸印刷，指应用平板纸进行印刷；卷筒纸印刷也称轮转印刷，指使用卷筒纸进行印刷。

（3）根据印版是否与承印物接触对印刷方法进行分类：直接印刷为印版上的印墨直接与承印物接触印刷，如凸版印刷、凹版印刷、丝网印刷；间接印刷指印版的油墨经过橡皮布转印在承印物上的方式。

（4）根据是否采用印版对印刷方法进行分类：有版印刷指采用预先制好的印版在承印物上印刷的方式，如凸版印刷、凹版印刷、丝网印刷；无版印刷指通过计算机驱动的打印头（或印刷头）直接在承印物上印刷的方式，如数码印刷。

（5）根据印刷原理（也就是按印版的有印纹部分与无印纹部分在印刷过程中产生印刷品的原理）对印刷方法进行分类：分为物理性印刷及化学性印刷两类。

物理性印刷的印墨在印纹部分完全是一种堆积承载，无印纹部分则低凹或凸起，与印纹部分高度不同而不能沾着印墨，任其空白，故印纹部分印墨移转于被印物质上，仅属物理机械作用。像凸版印刷、凹版印刷、孔版印刷、平版印刷等均属物理性印刷（印刷面高于或低于非印刷面）。

化学性印刷的印版无印纹部分（非印刷面）不沾着印墨，并不是由于该部分低凹、凸起，或被遮挡，而是由于化学作用使其产生吸水拒墨的薄膜造成的。虽然印纹部分（印刷面）吸墨拒水，无印纹部分吸水拒墨，水与油脂互相反拨仍是物理现象，但在印刷过程中，须不断使无印纹部分补充吸水拒墨的薄膜。胶印即属此类。胶印要在水槽溶液中加入胶类物质，源源不断地供应羧基团的黏液层，从而保持印版的非印刷面部分不被油脂侵染。

（6）根据印刷色数对印刷方法进行分类：分为单色印刷和彩色印刷两类。

单色印刷并不限于黑色一种，凡以一色显示印文的都是单色印刷。多色印刷又分为增色法、套色法及复色法。其中增色法是在单色图像中的双线范围内加入另一种色彩，从而使其明晰鲜艳，以方便阅读，一般儿童读物多采用这种方法。套色法是各色独立，互不重叠，也没有其他颜色作为范围边缘线，依次套印于被印物质上的方法，一般线条表、商品包装纸及地形图等印刷品多采用这种方法。

彩色印刷是用彩色方式复制图像或文字的方式（与此相对应的是只有黑白色的印刷方式，或称单色印刷）。它包括许多步骤（或称转换过程），可产生高质量的彩色复制品。

（7）根据印刷品用途对印刷方法进行分类：分为书刊印刷、报纸印刷、广告印刷、钞券印刷、地图印刷、文具印刷、包装印刷、特殊印刷等（见表9-1）。

表 9-1　根据印刷品用途对印刷方法的分类

序号	名称	印刷方法
1	书刊印刷	以往采用凸版印刷，之后逐步改用平版印刷
2	报纸印刷	以往都用凸版轮转机印刷，因其快速且印量大。近年来为适应彩色需要，改用平版或照相凹版轮转机印刷
3	广告印刷	含彩色图片、画报、海报等，大部分采用平版印刷，亦可用凸版印刷、凹版印刷或孔版印刷
4	钞券印刷	以凹版印刷为主，以凸版印刷及平版印刷为辅
5	地图印刷	以照相平版为宜，因其幅员大、精度高、套色多、印量少，而原稿又多为单色
6	文具印刷	如信封、信纸、请帖、名片、账册、作业簿等，必须低成本、大量印刷，因而品质较次，故优先考虑凸版印刷
7	包装印刷	小如各类糖果、饼干、蜜饯包装，大如各类包装用的瓦楞纸箱及室内装潢用的壁纸等，均多采用凹版印刷
8	特殊印刷	如瓶罐、软管、标贴、车票、箔片等，以特殊工艺或特殊材质为主

（8）根据印刷版材对印刷方法进行分类：分为木版印刷、石版印刷、锌版（亚铝版）印刷、铝版印刷、铜版印刷、镍版印刷、钢版印刷、玻璃版印刷、石金版印刷、镁版印刷、电镀多层版印刷、纸版印刷、尼龙版印刷、塑胶版印刷、橡皮版印刷等（见图 9-5）。

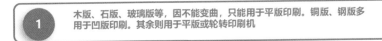

1 木版、石版、玻璃版等，因不能变曲，只能用于平版印刷。铜版、钢版多用于凹版印刷。其余则用于平版或轮转印刷机

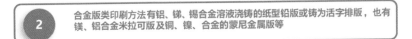

2 合金版类印刷方法有铝、锑、锡合金溶液浇铸的纸型铅版或铸为活字排版，也有镁、铝合金米拉可版及铜、镍、合金的蒙尼金属版等

3 多层金属版有铬面铜底的双层金属版及铬面铜层钢底(甚至用不锈钢)的三层金属版

◎ 图 9-5　根据印刷版材而进行分类的印刷方法

表面处理：在基体材料表面上以人工形成一层与基体的机械、物理和化学性能不同的表层的工艺方法，其主要目的是满足产品的耐蚀性、耐磨性、装饰性或其他特种功能要求等。

（9）根据承印材料的不同对印刷方法进行分类：分为有纸张印刷、白铁印刷、塑料印刷、纺织品印刷、木板印刷、玻璃印刷等。纸张印刷为印刷品的主流，约占95%，无论凸版印刷、平版印刷、凹版印刷、孔版印刷均可适用，因此称为普通印刷，而用纸张以外承印材料的多属特殊印刷。

9.1.4　表面处理

表面处理是在基体材料表面上以人工形成一层与基体的机械、物理和化学性能不同的表层的工艺方法，其主要目的是满足产品的耐蚀性、耐磨性、装饰性或其他特种功能要求等。

常见的表面处理有覆膜（过胶）、烫印（烫金）、上光（过油）、凹凸压印（击凸）、模切压痕、局部 UV 工艺、冰点雪花等。

9.1.5　裱贴

裱贴工艺就是先利用胶辊将胶水均匀地涂在单面瓦楞纸上，与同步传送过来的面纸黏合在一起，然后通过压合式输送带将面纸与瓦楞纸贴合在一起，形成瓦楞纸板。

9.1.6　模切

传统模切指印刷品后期加工的一种裁切工艺，模切工艺可以把印刷品或其他纸制品按照事先设计好的图形制作成模切刀版进行裁切，从而使印刷品的形状不再局限于直边、直角。传统模切生产用模切刀根据产品设计要求的图样组合成模切版，在压力的作用下，将印刷品或其他板状坯料轧切成所需形状或切痕的成型工艺（见图9-6）。

随着电子行业的快速发展，尤其是消费电子产品范围的不断扩大，模切不再局限于应用在印刷品后期制作中，还逐渐应用于工业电子产品辅助材料的生产中。

◎ 图9-6　模切

9.1.7　结合

大部分纸箱，如卡通箱、扣底盒等，需要黏合或钉合成型（见图9-7）。

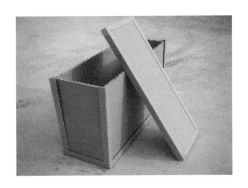

◎ 图9-7　纸箱黏合

丝网印刷：又称绢印，是将丝织物、合成纤维织物或金属丝网绷在网框上，采用手工刻漆膜或光化学制版的方法制作丝网印版。

9.1.8　成品打包

打包的方式一般有牛皮纸裹包、扎带裹包或装箱打包，数量由客户指定（见图9-8）。

◎ 图9-8　成品打包

9.2　常用的8种印刷方法

9.2.1　丝网印刷

丝网印刷又称绢印，是将丝织物、合成纤维织物或金属丝网绷在网框上，采用手工刻漆膜或光化学制版的方法制作丝网印版。这种印刷方式必须使用基板、不透明油墨滚筒或钢质的聚酯丝网刮刀。丝网印刷属于孔版印刷，它与平版印刷、凸版印刷、凹版印刷一起被称为四大印刷方法。

激光蚀刻：一种精密的印刷技术，常用在品牌标签或品牌基板上，如用计算机在玻璃、金属、木头和塑料的表面制作镭射效果。除此之外，激光蚀刻可以高容量、快速地处理材料。

用于丝网印刷的承印物种类繁多，包括纸、纸板、塑料、玻璃、金属、布料等。丝网印刷对于无法采用平版印刷的曲面特别适用。

手写体瓶身装饰设计如图 9-9 所示。设计师创作了一个干净、活跃的字体来装饰瓶身，并根据瓶身的长度增加了丝网印刷设计图纸的精密度。

◎ 图 9-9　手写体瓶身装饰设计

9.2.2　激光蚀刻

激光蚀刻是一种精密的印刷技术，常用在品牌标签或品牌基板上，如用计算机在玻璃、金属、木头和塑料的表面制作镭射效果。除此之外，激光蚀刻可以高容量、快速地处理材料。

高端饼干包装如图 9-10 所示。设计师将黑色纸按照表面的图形进行激光切割，切割后露出内部纸的颜色。黑色能很好地划分边界，因此在黑色上能够描绘非常细腻的图形。

◎ 图 9-10　高端饼干包装

9.2.3　平版印刷

平版印刷是包装设计程序中主要采取的印刷方式之一。此"平印术"的过程,指的是印版印纹与非印纹区域在同一平面(在凹版印刷中,印纹是凹入的,而凸版印刷印纹则是凸起的)。平版印刷是根据水与油墨互相排斥的原理设计的。光化作用的过程是让油墨附着在印纹部分,非印纹部分则会排水。油墨部分被转印到一块橡胶版上之后,再印制到印刷表面,印刷表面不会与印版直接接触。橡胶版所具有的弹性力,则促使油墨被印制在各式各样的表面上(见图 9-11)。

油墨

◎ 图 9-11　平版印刷示意

一般而言,平版印刷以纸版为主(单张纸或基板),但现在可以在连续的卷筒纸上做网版印刷,有的甚至可以同时印刷两面。高速网版印刷通常用于报纸、书籍与广告等大量印刷品。平版印刷的高品质图像适用于作业印刷。

胶版印刷的优点：套印精确、网点还原性好、色彩丰富、层次分明、立体感强，可以充分表现出产品的特点和风貌；制版速度快，生产周期短，生产成本低；胶版印刷一般都采用单张纸胶版印刷设备，在一定的范围内，不受产品品种、规格的限制。

随着打样与印刷程序的进步，平版印刷的制造可直接通过"计算机制版"的计算机软件进行印刷、消除胶膜及加工。直接制版的印刷方式不但可以节省时间和金钱，还可以减少在制版过程中有害化学物质的使用，有利于环保。

9.2.4　柔版印刷

柔版印刷可应用于各式各样的包装材料，通常瓦楞纸箱、折叠纸盒、塑料袋、牛奶盒、塑胶容器、标签、标牌、塑胶模与锡箔都以此方法印刷。其印刷原理类似凸版印刷，弹性橡胶或塑胶印版的文字或图像印纹部分高于非印纹部分，油墨附着于凸起的图文部分，印版通过转动的滚轴将图像转印到包装基板上。柔版印刷曾被视为低品质的印刷方式，然而由于科技的进步，柔版印刷的使用率逐渐可与平版印刷及凹版印刷持平。

金属罐及塑胶的桶、杯子与管子普遍都使用干柔版或柔版印刷的方式。干柔版印刷能以高速的多色印刷印制大尺寸的印刷品。此程序与正常的转印方式不同，主要是因为使用方式和特殊油墨，且制作过程不含任何水分。无水的制作过程，则需运用高阶的冷却器材与特殊印版。

9.2.5　胶版印刷

在现代包装印刷中，胶版印刷之所以得到广泛的应用，是因为胶版印刷套印精确、网点还原性好、色彩丰富、层次分明、立体感强，可以充分表现出产品的特点和风貌，使消费者能够从产品的包装上得到被包装物的各种信息，起到宣传产品、美化产品，以及便于人们了解产品、选择产品的作用。胶版印刷制版速度快，生产周期短，生产成本低。胶版印刷一般采用单张纸胶版印刷设备，在一定的范围内，不受产品品种、规格的限制。在包装印刷产品多品种、小批量、印刷周期短的情况下，胶版印刷更具有竞争优势。

9.2.6 凸版印刷

凸版印刷是一种古老的印刷方式，其印刷原理是使金属印版上的文字或图案印纹部分高于非印纹部分，油墨附着于凸起的图文部分，之后直接转印到基板上（见图 9-12）。

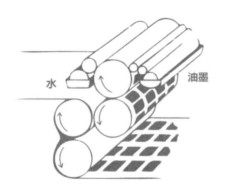

◎ 图 9-12 凸版印刷示意

印刷机的给墨装置先使油墨分配均匀，然后通过墨辊将油墨转印到印版上。印版上的图文部分远高于非图文部分，因此，油墨只能转印到印版的图文部分，而非图文部分则没有油墨。给纸机构将纸输送至印刷部件，在印刷压力作用下，印版上图文部分的油墨转印到承印物上，从而完成一次印刷品的印刷。印刷品的特点：线条或网点边缘部分整齐，并且中心部分的油墨显得浅淡，凸起的印纹边缘受压较重，因而有轻微的印痕凸起，墨色较浓厚；可印刷较粗糙的承印物，色调再现性一般。

凸版印刷通常适用于信纸、贺卡、邀请卡、书籍特刊及其他特殊设计，也可与其他印刷方式结合（如浮雕压印），进行少量生产。以照相制版的方式在金属印版上刻画图像是传统的制版方式，而今所使用的是金属或硬塑胶质的光敏聚合物印版。凸版印刷可产生干净、清晰的字体与高品质的图像，但由于凸版印刷的网线较粗，故与凹版印刷相比，其灰色调的效果是比较差的。

每一种印刷过程都有其特定的考量属性与限制，因此印刷的使用形式取决于材料的印刷品质、产量、色彩规格、预备时间、成本与所在位置等因素。

9.2.7　凹版印刷

凹版印刷的程序刚好与凸版印刷相反，主要差异在于印纹凹槽嵌入滚轮中，通过凹槽所携带的油墨印制在纸张的表面上（见图9-13）。当纸张压过凹版滚轮与压力滚轮时，上千个大小不同与深度不同的凹槽单位决定了油墨的使用量。制版成本、安装或前置作业时间等因素，使凹版印刷成为一种昂贵的印刷方式。转轮印刷式制作过程大致也是如此，唯一的差别在于其印刷以大型的卷纸类型为主。凹版印刷过程提供多色印刷设计持续性的高品质印刷，适用于高速、大量生产。高品质的包装设计、艺术书籍及杂志等都必须通过凹版印刷来实现。

凹版印刷可利用收缩膜创作出高品质的图像效果，如雕刻或雾面玻璃等效果。这些或其他在收缩膜标签上的效果既可以节省时间，也可以是取代玻璃包装的低成本选择。

数字印刷的工作原理：操作者将原稿、数字媒体的数字信息或从网络系统上接收的网络数字文件输出到计算机上，在计算机上进行创作，修改、编排成客户满意的数字化信息，之后经处理，成为相应的单色像素数字信号传至激光控制器，发射出相应的激光束，对印刷滚筒进行扫描，由感光材料制成的印刷滚筒（无印版）经感光后形成可以吸附油墨或墨粉的图文，然后转印到纸张等承印物上。

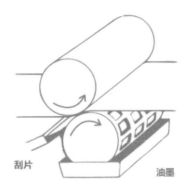

刮片　　　　　　　　　　　油墨

◎ 图 9-13　凹版印刷示意

9.2.8　数字印刷

数字印刷是利用印前系统将图文信息直接通过网络传输到数字印刷机上印刷的一种新型印刷技术。数字印刷系统主要由印前系统和数字印刷机组成。有些系统还配有装订和裁切设备。它的工作原理是操作者将原稿、数字媒体的数字信息或从网络系统上接收的网络数字文件输出到计算机上，在计算机上进行创作，修改、编排成客户满意的数字化信息，之后经处理，成为相应的单色像素数字信号传至激光控制器，发射出相应的激光束，对印刷滚筒进行扫描，由感光材料制成的印刷滚筒（无印版）经感光后形成可以吸附油墨或墨粉的图文，然后转印到纸张等承印物上。

数字化模式的印刷需要经过对原稿的分析与设计、对图文信息的处理、印刷、印后加工等过程。在数字化印刷模式中，输入的是图文信息数字流，而输出的也是图文信息数字流，相对于传统印刷模式的DTP 系统来说，只是输出方式不一样。

覆膜：又称过塑、裱胶、贴膜等，属于印后加工的一种主要工艺，是将涂布黏合剂后的塑料薄膜与纸质印刷品经加热、加压后黏合在一起，形成纸塑合一的产品，是目前常见的纸质印刷品印后加工工艺之一。

　　就印刷设计而言，数字技术带来了新的印刷方式，不同于传统印刷的大批量、长周期，数字印刷设备更能满足按需印刷的需求，数码印刷机、数码打印机等使印刷变得简单。相较于大批量、高速度、低成本的传统印刷，目前批量生产成本高、速度慢的按需印刷大多适用于个人、企业的宣传刊物等的印刷。

　　在此背景下，按需印刷的出路主要集中在网络营销上。通过网络扩大受众群体，实现在线销售、数字化的存储，既保证了零库存的优势，也避免了断版的风险。将印刷样本放到网上推广，通过销售宣传承接新的订单，在取得订单后按需求印刷。有多少需求就印刷多少，这种网络营销模式既减少了销售风险，又扩大了产品的影响。

　　从印刷企业竞争角度来看，与市场上一些不能进行印后加工的企业相比，添加高效装订设备的数字印刷企业能在从印刷、印后加工到交货的整个工作流程上以更快的交货时间、更低的成本提供更全面的服务。这样，整个流程中对时间和成本的节约就成为一个很强大的竞争武器。

9.3　常用的 6 种表面处理工艺

9.3.1　覆膜

覆膜又称过塑、裱胶、贴膜等，属于印后加工的一种主要工艺，是将涂布黏合剂后的塑料薄膜与纸质印刷品经加热、加压后黏合在一

烫印：俗称烫金，又称热压印刷，是将需要烫印的图案或文字制成凸型版，并借助一定的压力和温度，将各种铝箔片印制到承印物上，呈现出强烈的金属光，使产品具有高档的质感。

起，形成纸塑合一的产品，是目前常见的纸质印刷品印后加工工艺之一（见图 9-14）。

◎ 图 9-14　覆膜

经过覆膜的印刷品，由于表面多了一层薄而透明的塑料薄膜，表面更加平滑、光亮，不但提高了印刷品的光泽度和色牢度，延长了印刷品的使用寿命，而且起到了防潮、防水、防污、耐磨、耐折、耐化学腐蚀等保护作用。如果采用透明亮光薄膜覆膜，覆膜产品的印刷图文颜色更鲜艳，更富有立体感，特别适合绿色食品等的包装——能够引起人们的食欲和消费欲望。如果采用亚光薄膜覆膜，覆膜产品会给消费者一种高贵、典雅的感觉。可见，覆膜后的包装印刷品能显著提高产品包装的档次和附加值。覆膜已被广泛用于书刊封面、纪念册、明信片、产品说明书、挂历、地图等，以起到表面装帧及保护的作用。覆膜后的产品的光泽度和色牢度都大大增强，而且耐水、耐油、耐磨。通常，折页类、画册封面等有压痕的产品使用覆膜工艺，以保证折痕处的颜色、纸张的纹理与折前一致，从而使产品更显高档。

9.3.2　烫印

烫印俗称烫金，又称热压印刷，是将需要烫印的图案或文字制成凸型版，并借助一定的压力和温度，将各种铝箔片印制到承印物上，

上光：在印刷品表面涂（或喷、印）上一层无色透明的涂料，经流平、干燥、压光、固化，在印刷品表面形成一种薄而匀的透明光亮层，以增强载体表面平滑度、保护印刷图文的精饰加工功能的工艺。

呈现出强烈的金属光，使产品具有高档的质感（见图 9-15）。由于铝箔具有优良的物理、化学性能，因此可起到保护印刷品的作用。常用的烫金有凹版烫金、凸版烫金和平版烫金。字体、商标及其他图像往往会应用烫印处理的方法。

◎ 图 9-15　烫印

9.3.3　上光

在印刷品表面涂（或喷、印）上一层无色透明的涂料，经流平、干燥、压光、固化，在印刷品表面形成一种薄而匀的透明光亮层，以增强载体表面平滑度、保护印刷图文的精饰加工功能的工艺，称为上光（见图 9-16）。

上光不仅可以增强表面光亮度，保护印刷图文，而且不影响纸张的回收利用。因此，上光被广泛应用于包装纸盒、书籍、画册等印刷品的表面加工。纸印刷品的上光加工工艺包括涂料上光、UV 上光、珠光颜料上光等。

上光已成为印后精加工的重要手段，在外贸出口产品包装加工上获得很大成效。在实现印前数字网络化、印刷多色高效化的技术创新中，印后加工只有运用高新技术达到精美自动化，才能完成印

> 凹凸压印：又称压凸纹印刷，是印刷品表面整饰加工中的一种特殊加工技术，即使用凹凸模具，在一定的压力作用下，使印刷品基材发生塑性变形，从而对印刷品表面进行艺术加工。

刷技术的整体革命。目前，由于紫外线上光技术的独特优势，其在印后加工的发展中已经有了明显的优势，被广泛应用于包装装潢、书刊封面、商标、广告、挂历、大幅装饰等印刷品的表面整饰加工中。

◎ 图 9-16　上光

9.3.4　凹凸压印

凹凸压印又称压凸纹印刷，是印刷品表面整饰加工中的一种特殊加工技术，即使用凹凸模具，在一定的压力作用下，使印刷品基材发生塑性变形，从而对印刷品表面进行艺术加工（见图 9-17）。压印的各种凸状图文和花纹显示出深浅不同的纹样，具有明显的浮雕感，增强了印刷品的立体感和艺术感染力。

凹凸压印工艺多用于印刷品和纸包装的印后加工，如包装纸盒、装潢用瓶签、商标，以及书刊装帧、日历、贺卡等。

浮雕压印：通过字母模压印，在纸板或其他包装材料上创造浮雕或凸起的图像，经压力与加热处理，重塑纸张表面，以创造图像。

◎ 图 9-17　凹凸压印

9.3.5　浮雕压印

浮雕压印指通过字母模压印，在纸板或其他包装材料上创造浮雕或凸起的图像，经压力与加热处理，重塑纸张表面，以创造图像。浮雕压印可依据印制材料的不同而选择模具材料。浮雕压印的不同类型（包含单一、多层次与斜面样式）结合油墨、图像或箔纸，则可创造出不同的特殊效果。打凹效果也有相同的处理过程，差别在于其模具是从正面压下去的。在玻璃或塑胶材质上做浮雕压印是模制过程中的重要部分。

采用武强木板年画的茶叶包装设计如图 9-18 所示，复古的包装不仅将古朴的气质嫁接到产品之上，而且能唤起人们对传统文化的记忆。

◎ 图 9-18 采用武强木板年画的茶叶包装设计

局部 UV 上光：印刷品表面整饰技术的一种，因其采用具有较高亮度、透明度和耐磨性的 UV 光油对印刷图文进行选择性上光而得名。

9.3.6　局部 UV 上光

局部 UV 上光，是印刷品表面整饰技术的一种，因其采用具有较高亮度、透明度和耐磨性的 UV 光油对印刷图文进行选择性上光而得名（见图 9-19）。局部 UV 上光在突出版面主题的同时，也提高了印刷品表面装潢效果。局部 UV 上光主要应用于书刊封面和包装产品的印后整饰方面，以达到使印品锦上添花的目的。

◎ 图 9-19　局部 UV 上光

表面处理工艺最核心的功能是保护印刷品色泽、增强艺术表达效果、防水、防尘等，所以在选择表面处理工艺的时候，要先评估核心的需求，再去选择合适的表面处理工艺，并不是说表面处理工艺堆砌得越多效果就越好。

参考文献

[1] 克里姆切克，科拉索维克. 包装设计：成功品牌的塑造力 [M]. 胡继俊，译. 上海：上海人民美术出版社，2021.

[2] 杨朝辉，王远远，张磊. 包装设计 [M]. 北京：化学工业出版社，2020.

[3] 何洁，等. 现代包装设计 [M]. 北京：清华大学出版社，2018.

[4] 孙芳. 商品包装设计手册 [M]. 北京：清华大学出版社，2016.

[5] 谭小雯. 包装设计 [M]. 上海：上海人民美术出版社，2020.

[6] 善本出版有限公司. 创意包装：设计＋结构＋模板[M]. 北京：人民邮电出版社，2017.

[7] 日经设计. 包装设计[M]. 张华峰，洪鸥，颜律诚，译. 北京：中国建筑工业出版社，2020.